室内设计
手绘技法强训

28天速成课
+
1个项目实践

宁宇航 常杰 宁晓芳 汪久洁 编著

人民邮电出版社

北京

图书在版编目（CIP）数据

室内设计手绘技法强训 : 28天速成课+1个项目实践 /
宁宇航等编著. -- 北京 : 人民邮电出版社，2017.6
ISBN 978-7-115-45523-9

Ⅰ．①室… Ⅱ．①宁… Ⅲ．①室内装饰设计—绘画技
法 Ⅳ．①TU204

中国版本图书馆CIP数据核字(2017)第098210号

内 容 提 要

本书以室内设计表现为核心，结合透视的基本理论知识，从读者的角度出发，系统、全面地诠释了各种室内单体和空间场景的作图方法和表现技巧，是一本将透视知识与室内设计表现紧密结合的参考书。本书以28天强训的课程形式来安排内容，每天的任务量和学习进度严格遵从读者的学习心理来安排，从最简单的线条到综合案例，从基本的透视术语到各个空间的透视训练，从黑白线稿到马克笔着色，由易到难，循序渐进，将室内设计表现知识进行完整充分的延展和深化，为手绘者提供有效的学习计划和指导。

本书附赠室内手绘视频教程，共44集，时长847分钟，读者可结合视频进行学习，提高学习效率。

本书适合建筑设计、景观设计和室内设计专业的在校学生阅读使用，也可作为手绘培训机构的参考用书。

◆ 编　著　宁宇航　常　杰　宁晓芳　汪久洁
　　责任编辑　张丹阳
　　责任印制　陈　犇

◆ 人民邮电出版社出版发行　　北京市丰台区成寿寺路 11 号
　　邮编　100164　电子邮件　315@ptpress.com.cn
　　网址　http://www.ptpress.com.cn
　　北京市雅迪彩色印刷有限公司印刷

◆ 开本：787×1092　1/16
　　印张：14.5
　　字数：424 千字　　　　　　　　2017 年 6 月第 1 版
　　印数：1—3 000 册　　　　　　2017 年 6 月北京第 1 次印刷

定价：78.00 元

读者服务热线：(010)81055410　印装质量热线：(010)81055316
反盗版热线：(010)81055315
广告经营许可证：京东工商广登字 20170147 号

前 言
PREFACE

　　手绘是设计语言最淳朴的一种表达方式，也是与心灵最契合的一种表达方式，同时也是设计师必备的专业技能和艺术修养。

　　手绘艺术历史悠久，最早起源于建筑工程。早在欧洲文艺复兴时期，许多大师就在他们的众多作品中表达了类似的设计风格。通过设计师的手绘图画，人们能够更为主观地体会到如何进行方案的整体规划；通过仔细研究相关作品中流畅的线条，可以更深入地理解设计者的构思创意，甚至激发出更多自己的新想法。手绘是设计师与业主沟通的桥梁，其表现和探究的过程，正是设计师成长经历中不可缺少的重要环节。提高手绘表现能力，将会有助于方案的快速设计分析，为全方位提升设计水平打下良好的基础。

　　然而对于手绘的学习，很多人往往感觉力不从心，这主要是因为没有找到手绘入门的方法。手绘的学习是否有捷径？手绘学习能否轻松点？应该说只要有正确的方法，手绘学习是快速且轻松的。

　　本书针对手绘学习的方法进行了全面、系统的阐述，帮助学习者清楚地看到从一根线，到一个面，再到一个物体，最终构建整个空间的手绘表现过程，并且每个步骤都配有详细的图片演示。本书按照由易到难的顺序，将各种不同类型的空间进行手绘表现，并以全程演示的形式进行解析，其中还强调了一些综合性的绘画技巧，有助于学习者全面、熟练地掌握并运用。

　　全书共10章，前9章包括28天的学习任务，第10章则讲解了手绘方案的快速表现知识。全书不仅提供了基础的学习内容，而且还让读者了解方案的构思及表现技巧。第1章讲解了室内设计手绘基础知识，包含手绘的表现类型和形式，手绘快速表现的特点，手绘工具介绍，线条绘制技巧以及几何形体空间表现；第2章讲解了室内手绘透视基础知识，不仅阐述了透视种类和绘制技巧，而且提供了空间思维的训练方法；第3章讲解了室内基础元素表现与练习，一方面从室内单体和陈设组合入手分析其绘制方法，另一方面解析了室内小场景的表现技巧；第4章讲解了精细室内空间线稿表现技法，包括室内常见材质的线稿表现，黑白线稿处理技法，室内家装空间和商业空间的线稿表现；第5章讲解了室内手绘马克笔基本表现技法，讲述了马克笔的使用技巧，色彩冷暖关系，光影与体块的表现，马克笔渐变与过渡以及不同材质与空间的表达，并在此基础上呈现了马克笔单体的表现步骤；第6章讲解了室内空间马克笔上色技法，主要以室内家装空间、办公空间、商业空间和餐饮娱乐空间为例；第7章讲解了平面图和立面图手绘表现技法，包含平面图和立面图的绘图规范，基本画法及不同平面图例表达；第8章讲解了根据平面图和立面图生成透视空间的基本原理与方法；第9章讲解了设计思维与方案设计，将整个室内装修设计的过程完整、清晰地呈现给读者；第10章讲解了快速手绘独立方案设计及表现。全书知识结构严谨，案例表现丰富，手绘步骤细致。此外，本书附赠室内设计手绘的教学视频，读者扫描"资源下载"二维码即可获得下载方法。

　　最后，感谢出版社编辑对本书进行了专业上的引导和大力协助，感谢帮助和参与本书编写的朋友们！

资源下载

宁晓芳 汪久洁
2017年4月

目 录
CONTENTS

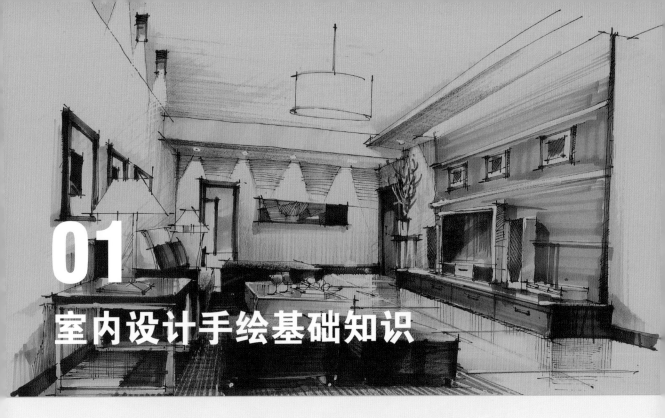

01

室内设计手绘基础知识

SUN	MON	TUE	WED	THU	FRI	SAT
1	2	3	4	5	6	7

8	9	10	11	12	13	14
15	16	17	18	19	20	21
22	23	24	25	26	27	28

🕒 项目实践　　《

第1天 走进室内手绘的世界

一 手绘的表现类型和形式

　　手绘是应用于各个行业中绘制图案的技术方法。设计类手绘，主要是指前期构思方案的研究型手绘和设计成果部分的表现型手绘，前期部分被称为草图或者设计手稿，成果部分被称为表现图或者效果图。手绘效果图是设计师用来表达设计想法、传达设计理念的重要手段。在设计方案进行过程中，它既是一种设计语言，又是设计的组成部分。通常手绘图从表现形式上可以分为概念草图和方案表现图，从手绘图的表现技法上可以分为黑白线稿表现、马克笔着色表现、彩色铅笔着色表现、马克笔与彩铅混合表现、水彩着色表现等。

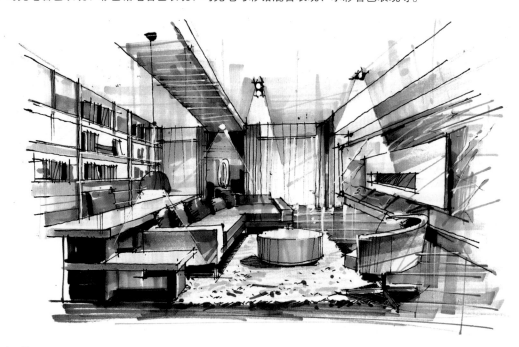

1.概念草图

　　概念草图是设计过程中记录设计思维的一种快速表达，其特点是快速、概括、灵活。因为概念草图是设计师对设计方案的初步感知和臆想的表达，所以充满了不确定因素，通常不会准确表达最终的设计方案。但由于概念草图具有快速表达的优点，因此是设计师与客户沟通设计方案的一个重要手段。

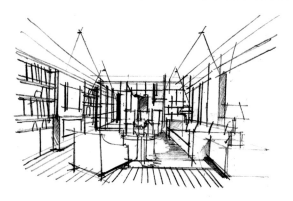

2.方案表现图

　　方案表现图是设计师在与客户进行沟通后对整个设计空间进行推敲深化的过程，其特点是细致、丰富、完整。它能很好地表达设计师对整个设计空间的构想与把握。

3.黑白线稿表现

　　黑白线稿表现是设计师常用的一种手绘表现方式。设计师在只有一支笔的情况下就可以向客户表达对空间的设计构想，跟施工人员在施工现场进行施工交流。线稿强调笔触的流畅、空间构图与形体比例的准确等，需要大量的手稿练习。

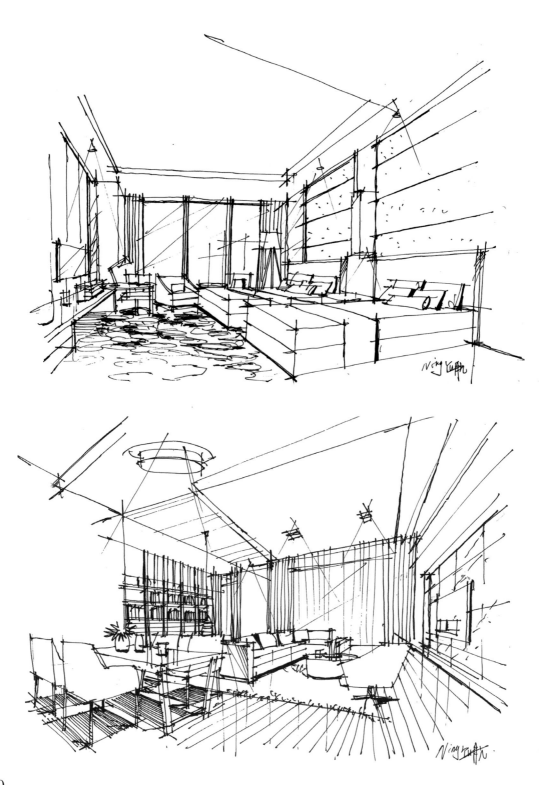

4.马克笔着色表现

马克笔着色表现在手绘表达中占据非常重要的位置，因为马克笔着色具有作画快捷、色彩丰富、表现力强等特点。马克笔用笔要求速度快、果断、有力度。但马克笔并不适合进行大面积的涂染，需要概括性的表达，通过笔触的排列画出3~4个层次即可。

5.彩色铅笔着色表现

与马克笔着色相比，彩色铅笔着色是比较容易掌握的一种表现技法，其特点是容易控制、色彩丰富、对比柔和、对细节有较强的处理能力，还可以涂擦，易于修改。

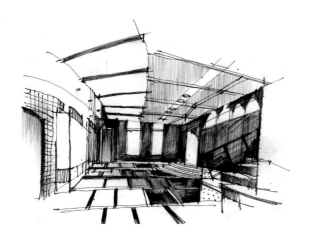

6.马克笔与彩铅混合表现

　　马克笔与彩铅混合表现是手绘表现中最受欢迎的一种表现方式，因为它可以把马克笔作画快捷、色彩丰富、表现力强等特点与彩铅的容易控制、对细节有较强的处理能力、易于修改等特点进行有力的结合，从而使手绘效果图更加丰富饱满。

7.水彩着色表现

　　水彩表现最突出的特点就是肌理丰富，给人的感觉是温润流畅、晶莹剔透、轻松活泼。但水彩着色对设计师的表达技法要求较高，需要有不错的绘画功底才能完成。

手绘快速表现的特点

1.表现性

在手绘效果图表现中，线条、笔触、力度、色彩搭配等所产生的效果，给观者的感受往往会超越所要表现的物体本身，这些元素会使普通的形体看上去显得很有个性，同时也是绘画者个人的情感体现。突出画面的表现力度正是手绘效果图的重要功能。

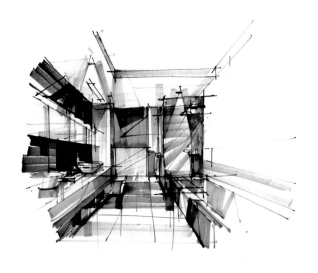

2.准确性

手绘效果图表现具有准确性的特点，在表现时绝对不能脱离实际而随心所欲地改变空间和形体的限定，或者背离客观的设计内容而主观片面地追求画面的艺术效果，又或者表现出的效果与设计意向相差甚远。手绘效果图必须符合设计中的造型要求，包括空间的比例、尺度、结构、构造等。

3.说明性

　　手绘效果图表现具有图形说明性和文字说明性的特点。图形学家告诉我们,最简单的图形比单纯的语言文字更富有直观的说明性。色彩手绘效果图可以充分地表现出室内设计方案的造型、布局、材料质感等。而文字说明性则是设计师直接在图中具体标示出材质种类和施工工艺等,目的是让施工技术人员了解施工信息。

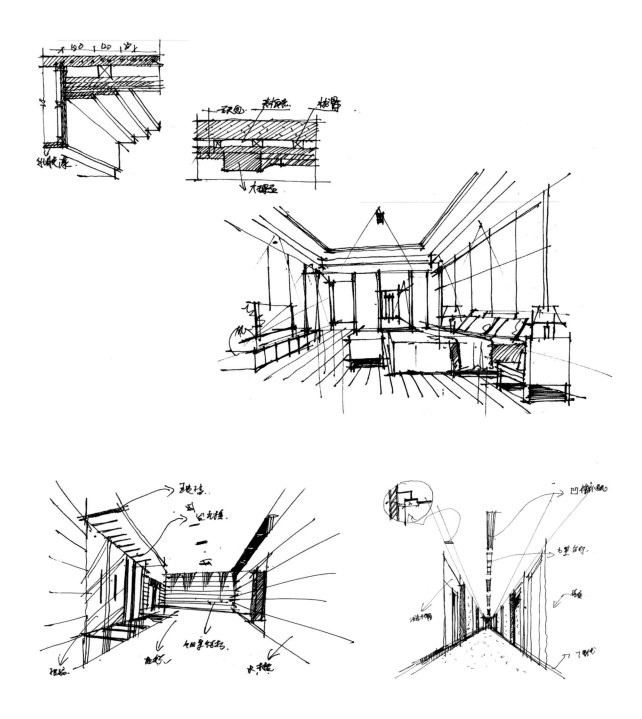

4.艺术性

手绘效果图既是科学性较强的图纸，也是具有较高的艺术品位的绘画作品。手绘效果图中包含了大量的绘画语言，也包含了设计师的个人艺术特征。每一个画者都以自己的感知去认识、理解设计图纸，然后用自己的艺术语言去诠释所想要表达的设计艺术效果。但个性不是手绘效果图所要表达的主要目的，只追求个性而忽视真实的表现是不可取的。

5.效率高

　　手绘效果图表现作为设计的一种表达方式，具有效率高的特点。不同于计算机辅助设计的精准、规范，其重点在于设计意向的表达，能够快速地表达出设计师的设计思路。此外，它还可以在施工现场，或与客户的交流过程中完成，不受环境的限制。

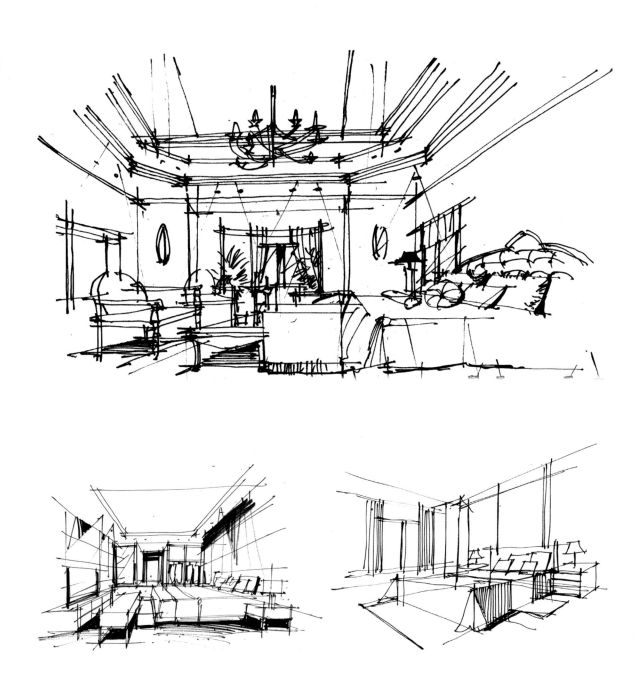

三 手绘工具介绍

1.画笔类

铅笔

　　铅笔是绘画中最常见的工具，但在技法表现方面却也是独具特色的。由于铅笔芯的粗细和硬度（浓度）种类繁多，不同硬度的铅笔、不同的用笔轻重画出的线条也是千姿百态的。铅笔既能表达精致的细节，也能表现狂野的整体。

针管笔

　　针管笔主要用来画细致的效果图，常用的有3种型号：0.1mm、0.2mm和0.5mm。细的用来画线，粗的用来画阴影。在使用针管笔时，用力不要过大，不然会损坏针管笔的笔头。

钢笔

　　钢笔在画速写的时候会经常用到，线条粗犷，绘图效果明暗对比强烈。尤其是用美工钢笔画的速写，线条粗细变化非常丰富，能快速表现明暗体块关系。

马克笔

　　马克笔有两类：一类可以分为单头和双头，另一类可以根据颜料成分分为油性和水性。常见的品牌有TOUCH、斯塔、三福等。马克笔的主要特点是色彩丰富、干净清晰、使用方便、笔触灵活而概括。

彩色铅笔

彩色铅笔（简称彩铅）可分为普通和水溶性两种。最常用的是德国辉柏嘉水溶性彩铅，这种彩铅可以反复叠加而不使画面发腻，适合深入表现家具、石材、光影的质感，是较容易掌握的一种着色工具，而且比较耐用。

水彩笔

在线描淡彩、水彩表现以及透明水色表现中还要用到水彩笔，即毛笔。常见的有"大白云""中白云""小白云""叶筋""小红毛"和板刷等。

2.画纸类

纸张应按照作图要求来选择，因此绘图者应熟悉各种纸质的特性。常用的图纸有以下几种。

复印纸

复印纸是平常手绘效果图表现常用的一种纸张，价格低廉，吸水性强。推荐使用。

绘图纸

供绘制工程图、考研快题、一些设计院校使用的专业用纸。具有优良的耐擦性、耐折性，适合铅笔、墨线笔书写和绘制。

硫酸纸

是一种透明纸张，很适合设计师用来绘制和修改方案。但不适合初学者使用。

3.其他相关辅助工具

在手绘表现图中，虽然大多采用徒手画线，但有时也需要一些尺规的辅助，以便使画面中的透视与形体更加准确。特别是在实际的方案表现中，尺规的辅助还可以在一定程度上提高工作效率。常见的工具有直尺、界尺、三角板、曲线板、圆规、量角器、比例尺等。

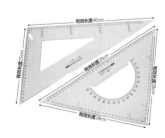

第2天 ▶ 线条绘制技巧

一 直线

　　直线是点在空间内沿相同或相反方向运动的轨迹，其两端没有端点，可以向两端无限延伸，不可测量长度。而在实际手绘表现中的直线类似于线段，有端点，这样画是为了线条的美观和虚实变化而做出的选择。根据直线在手绘中的运用方式不同又可以分为快直线和慢直线。

　　快直线的特点是笔直、刚硬、有规则章法，不容易打破。快直线要求笔尖比较迅速地划过纸面，画出挺直、干脆有力度的线条。绘制快直线时，首先要做到流畅、快、轻、稳。其次，手腕和手臂要一起运动，在起笔和收笔的时候要略微加力顿笔，画出较为明确的起点和终点。

　　慢直线的行笔速度比较慢，在画时应心平气和，保持均匀的速度和力度，长度相对快直线来说更长些，但同样要明确直线的起点和终点。慢直线不适合一气呵成，对于那样比较难以控制的长线，可以画一段停顿一下，线条绘制宁可局部出现小弯，也要保证整体大直。

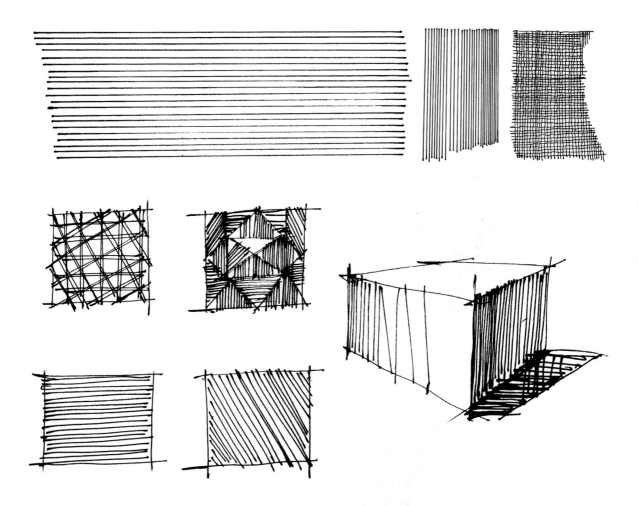

曲线与弧线

　　设计手绘中也经常运用到曲线，这是一种随性灵动的线条表达方式，但是相对于直线更加难以掌握，需要经过大量的练习。较短的曲线以手腕运动画出，较长的曲线则以手臂运动画出。画较长的曲线时要做到胸有成竹，落笔之前就要预测到结束点，这样才能以较快的速度画出流畅、准确的曲线。

　　弧线在手绘图表现中是十分活跃的因素，在绘制时一定要强调曲线的弹性和张力。画弧线时一定要果断、有力，一气呵成，中间不能停顿，也不能有描线的现象。在手绘中，线的不同方式的运用是为了表现空间的效果。由于透视的关系，手绘图中的弧线会随着透视的变化而变化，所以弧线也是表现透视效果的直接因素。同时，弧线刻画的好坏程度往往直接体现绘图者的功底和对表现对象的把握能力。

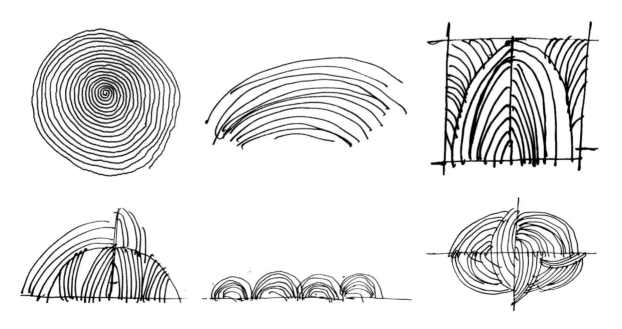

三 颤线

颤线其实是直线绘制的另一种效果，画出的线条效果像震颤的波纹一样。由于画颤线时行笔的速度比较慢，所以设计师有时间去思考线的走向和停留位置。颤线在绘制中通常用于画较长的直线。此外，颤线也可以用来排列成各种不同疏密的面，或组成画面中的光影关系，是丰富画面表情的有效手段之一。初学者通常用颤线表现家具的阴影部位。

颤线在运笔的过程中速度较慢，要保持均匀的速度和力度，同时手腕要稍微抖动，实现小抖线。颤线在画时不适合一气呵成，要画一段，停顿一下，停顿时笔尖不可离开纸面，笔尖与纸面之间最好保持接近垂直的角度。

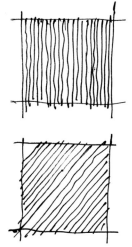
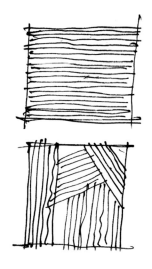
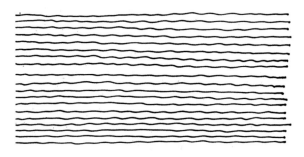

四 抖线

抖线是笔随着手的抖动而产生的一种线条。特点是变化丰富、机动灵活、生动活泼。抖线是景观手绘当中最重要的线，可以总括乔木、灌木、绿篱等一系列的配景。用抖线是为了稳定线条，在画较长的线条时抖线比直线更容易掌控，而且增添抖线后也会使画面更加富有灵性和层次，不会显得过于僵硬呆板。

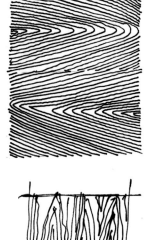
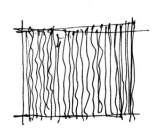
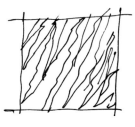
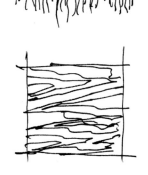

五 **特殊线形**

特殊线形也是基础练习中非常重要的一部分，它主要是针对绘图后期表现中涉及的一些常用线条的笔法训练，同样要在初级阶段掌握。

1.齿轮线

齿轮线主要用于标准树冠外轮廓的表现，它的笔法难点在于表现"不规则"的自然效果。建议大家在初期练习的时候，先对照照片仔细观察，了解其规律再动笔去练习。

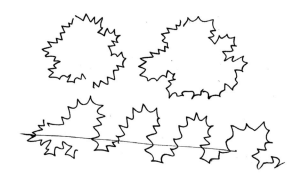

2.爆炸线

爆炸线也是快速表现中常用的线形之一，同样侧重于"不规则"的动态效果，经常用于灌木丛的表现，主要依靠手腕的运动快速画线。另外在练习中尽量减少"圈套"的出现。

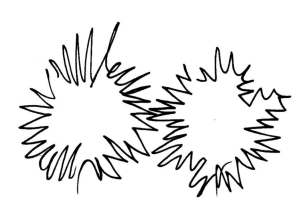

3.骨牌线

形似倾倒的多米诺骨牌，多用于草地和有厚度材质的表现。在传统的绘图表现中往往画得比较均匀，在快速表现中则需要有参差不齐的动态效果，运笔要快。初期练习时切忌连笔。

4.枝杈线

枝杈线是用来表现树木枝杈的线形，由连续的弧线构成。练习前多观察感受枝杈的动感特征，手绘时灵活运用笔压与速度，这样画出的线条才更生动，更具韧性。

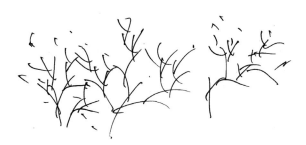

六 徒手线条训练

无论是铅笔还是钢笔抑或是毛笔，都有对于单色线条的表达方式，看似简单的黑白绘画其实蕴含着画者无比细腻的技法，就犹如中国传统绘画中黑白水墨的表达一样。简单的墨色其实可以分为"浓、淡、干、湿、燥"5色，加之画布的白色即为"六彩"。

应用于设计手绘当中，无论是简单的起形还是气势磅礴的巨幅钢笔画，都需要对线条有精确的把控，并对黑白色彩具有高度的认知能力，才可以让画面最终呈现出丰富的层次，达到惊艳的效果。

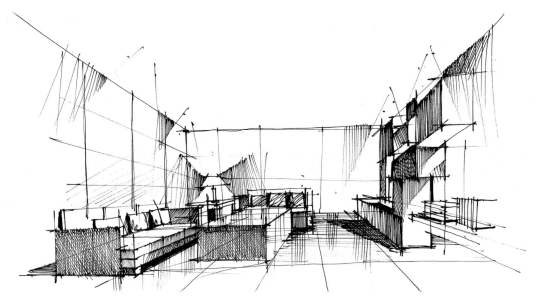

1.铅笔线条练习

铅笔线条由于材质本身有种柔和感，因此可画出很自然的渐变效果。可粗、可细，可轻、可重，可虚、可实，缺点是不适于画快速线条，只有慢下来才能表现出结实的结构感。也可为墨线打稿。铅笔由硬到软分很多种，从6H~10B。每种硬度所画出的线条给人的感觉也不一样。

2.钢笔线条练习

钢笔线条有助于练习手绘的准确性，它"有头有尾"，两边重中间轻。通过调整笔尖的角度，可以画出粗细不同的多种线条。缺点是墨水不容易快速干透，在纸上停留的时间过长容易出现墨点，影响整体画面。

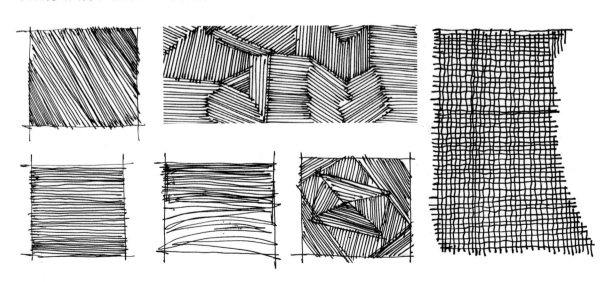

3.签字笔线条练习

　　签字笔是设计手绘中线稿表现最常用的工具，使用起来相对快捷简单。与钢笔相比，签字笔笔头更加有弹性，在绘画过程中，其线条更易被很好地控制。练习时可以根据不同的纹理和质感，用签字笔画出不同的线条。其次，根据线条的叠加程度来表现面块之间的疏密关系。由于签字笔易于操控，所以更适合初学者使用。

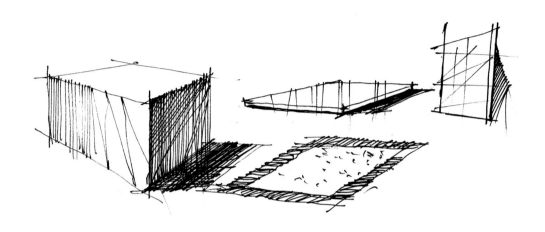

4.马克笔线条练习

　　马克笔绘图的步骤与水彩相似，上色时应由浅入深，先刻画物体的暗部，再逐步调整暗、亮两面的色彩。马克笔上色以爽快干净为宜，不要反复涂抹，一般上色不可超过4层色彩，若层次较多会变得很脏，失去马克笔上色所应有的效果。

　　马克笔线条应按照物体的形体结构、块面的转折关系来绘制。同时，在笔触的运用过程中，应该注意其点、线、面的安排。笔触的长、短、宽、窄组合搭配不能单一，应有变化，否则画面会显得呆板。

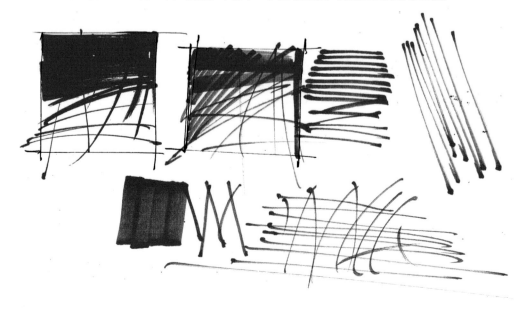

第3天 几何形体空间表现

一 几何形体的绘制

　　几何形体存在于我们生活中的任何角落，与我们的生活息息相关。几何形体在空间中并不是孤立存在的，而是被周围环境影响并制约着的。几何形体体现在手绘效果图中，往往会受到空间透视的影响而产生不同的透视效果，同时受到其他几何形体组合影响，也会产生视觉隐退的效果。

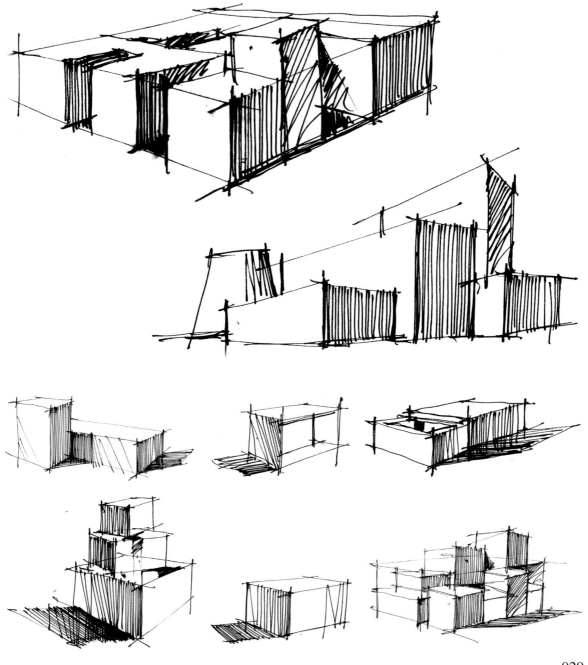

几何形体与室内陈设的关系

　　生活中的各种物品都是由相同或不同的几何形体拼凑而成的,如床由不同的长方体拼凑而成,沙发则由正方体和长方体拼凑而成的。在手绘表现中,可以把室内家具都理解为不同的几何形体及几何形体的组合。特别是如今的家具类型,大多数都是几何形体的直接堆砌。

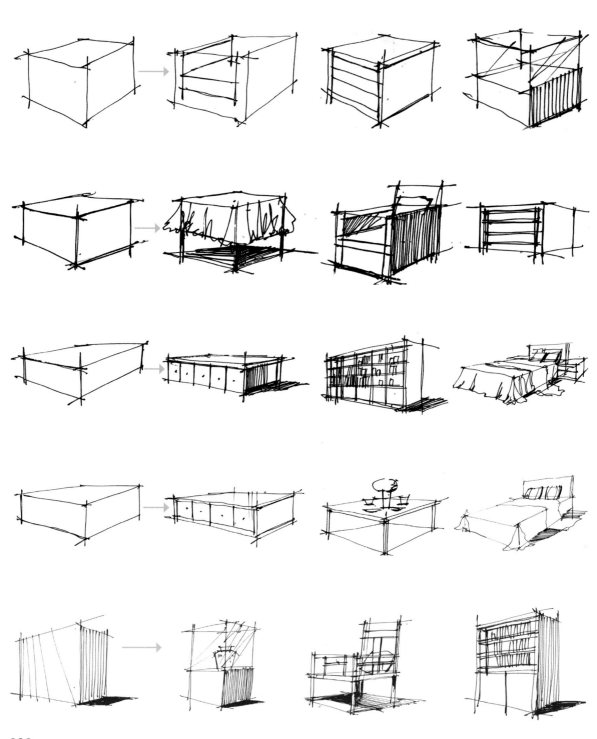

三 几何形体在空间上的表现关系

几何形体在空间中的存在及表现是手绘初学者所必须学习与掌握的。刚开始学习手绘的同学对于整个空间的理解和把握还有所欠缺，在看到一张图片时往往不知道从何入手，以至于手绘无法达到预想的效果。其实掌握好几何形体空间表现的技巧之后再进行手绘绘画，就会感觉如鱼得水，事半功倍。

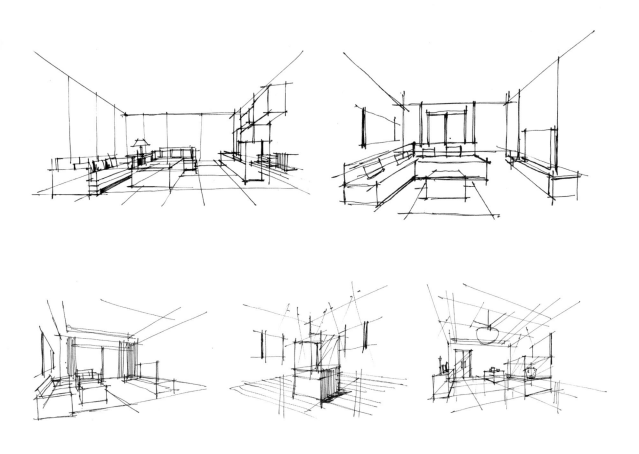

当我们拿到一张图片之后，先不要忙着开始绘画，而是应该先对图片进行初步的观察与分析，比如图片中都有哪些元素，这些元素存在于图片的哪个位置等。其次可以把图片中的这些元素理解成为几何形体。

 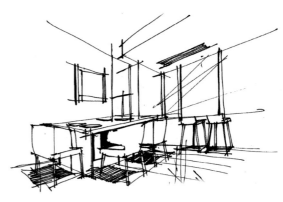

　　在手绘过程中，应先把所要表达的实物的大的空间表现出来，以几何形体的形式去概括所要表达的元素。例如，我们可以用圆概括树木，用正方体概括单体沙发、脚踏、床头柜，用长方体概括床、衣柜、组合沙发等。用这样的思维方式去概括和总结画面不仅可以让画面构图完整，还不失整个画面空间的和谐性。

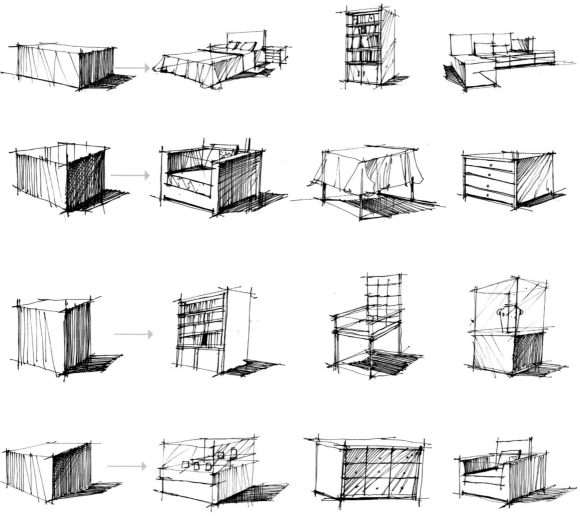

02
室内手绘透视基础知识

SUN	MON	TUE	WED	THU	FRI	SAT
~~1~~	~~2~~	~~3~~	4	5	6	7

8	9	10	11	12	13	14
15	16	17	18	19	20	21
22	23	24	25	26	27	28

🕒 项目实践　　　　　　　　　　　　　　　　　　　　　　　≫

第4天 透视种类和绘制技巧

一 透视的基本知识

这里所谈到的透视是一种绘画术语，是在简单的作图动作，单一的辅助工具，适当的图幅大小，避免采用计算的方式，尽可能快速地表现手绘效果的前提下进行的。它指的是在二维平面上描绘三维物体及其空间关系的专业技法或技术，即绘画者用点、线、面和色彩在平面上表现立体空间的方法。作为绘画者和绘画对象之间隐形的媒介，绘画者可以根据透视原理对绘画对象的比例、角度、虚实、形状等进行组织，可多个视点、一个视点、近视距、远视距地调整和组织画面。对于手绘表现技法来讲透视非常重要，它不仅能呈现出逼真的画面，而且能更加明了地表达设计者的设计创意。

根据观察者与空间位置的不同，我们可以将室内手绘透视类型划分为一点透视、一点斜透视和两点透视3种不同的类型。室内表现技法首先要了解透视的专业术语，掌握透视的基本原理，进而对作图技巧和空间绘制加以训练，这是透视初学者需要学习的基础知识。

视点（E）：又叫作"目点"，指的是观察者眼睛的位置。

视线（SL）：观察者视点与被画物的关键点所引的连线叫作视线，是作图时假想的直线，绘画者可根据作图需要将其作为参考线。

基面（GP）：在绘图中，作为基准的水平面，与地面平行。

视域（VT）：观察者眼睛所看到的范围叫作视域。

画面（PP）：绘画者与被画物之间的隐形透明的画图平面，被画物体在透明平面上呈现在绘画者视域中。画面平行于画者，垂直于基面或地平面。

基线（GL）：透视画面底部边缘与地平面相交的直线叫作基线。

中视线（CVR）：视点与被画物体任何一点相连的直线为视线，其中由视点向正前方引的视线且垂直于透明画面的为视中线，平视时的视线与水平面平行，俯、仰视的视线倾斜或者垂直于地平面。

心点：垂直于画面的视中线与画面的相交的点叫作心点。

视平线（HL）：通过心点所作的水平线叫作视平线。

视平面（HP）：通过视点和视平线，所做的平面叫作视平面。

视距（VD）：视点到透视画面的距离叫作视距。

视高（H）：视点距地平面的高度叫作视高。

灭点（VP）：被画物体各个边线延长相交的点叫作灭点，即透视消失点。

天点（AH）：在透视画面上，地平线以上的所有点叫作天点。

地点（BH）：在透视画面上，地平线以下的所有点叫作地点。

余点(V)：在视平线上,心点两侧的所有点叫作余点。

灭线：与画面不平行的平面无限远伸，在画面上最终消失在灭线上。

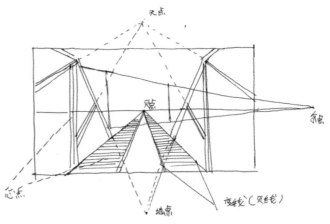

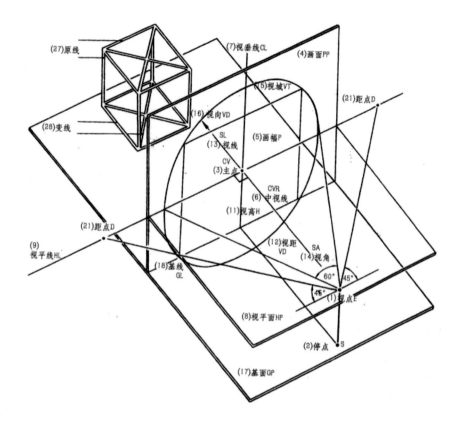

 一点透视

1.一点透视概述

　　一点透视也叫"平行透视"或"单点透视"，观察者从平行的角度，即从物体正面的角度来观察目标物，物体的一面与画面呈平行的正方形或长方形，而其他面的边线与画面垂直，这些边线有且只有一个透视消失点，也就是"灭点"，这种透视结构可叫作一点透视。

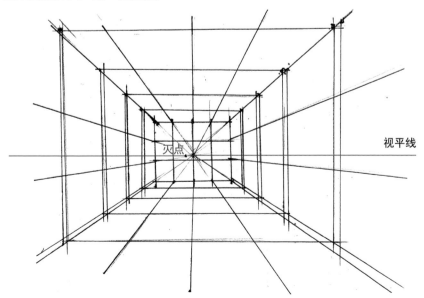

由于一点透视易于表达画面的完整性，具有平稳、庄严，甚至呆板的特点，因此在实际的技法创作中，它比较适宜于表现空间界面较多、视野开阔、纵深感强的大场面效果。这种"集聚式构图"的题材在我们身边经常看得到，如走廊、田间小路、林荫道等重复元素较多的场景。我们可以对画面上的线条进行特别安排，以便获得立体视觉感和距离纵深感。

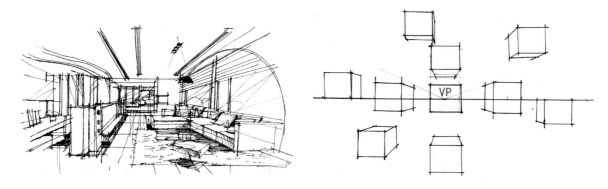

2.一点透视的作图原理

（1）确定视平线（HL），一般情况下是以1.6m左右作为平均高度。然后在视平线上确定灭点（VP点）。灭点的位置要根据实际需要进行左右调整。

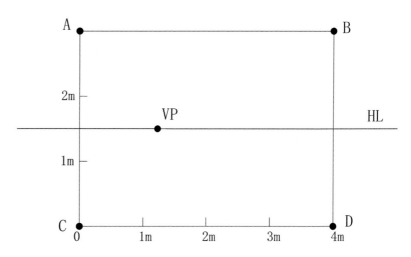

（2）将A、B、C、D4个点分别连接于灭点，引出4条直线w、x、y、z。

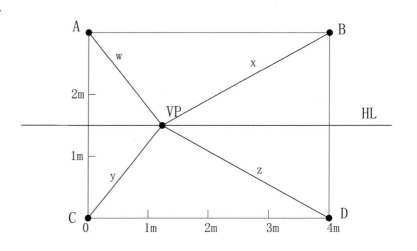

（3）在基准面以外的视平线上确定测点（M点），注意测点位置要靠近基准面边缘。在平面图上显示完整的进深度是6m，因此将CD线延长，添加5m和6m的单位标记，测点与各单位标记所连接形成的线段再通过直线y时生成了1、2、3、4、5、6这几个点。

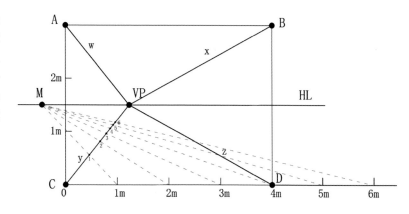

（4）从标注为6的点引垂直线和水平线分别与直线w和直线z相交，由此就生成了视线终点的墙面，一般形象地称它为"最终面"。

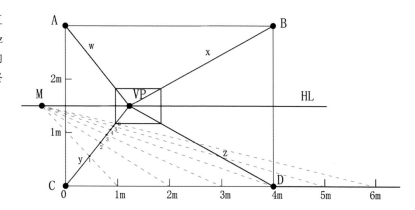

（5）其他5个点也按照以上的方法引直线进行连接。

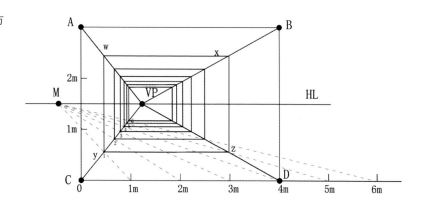

（6）由基准面各个单位点向灭点连接交于最终面。

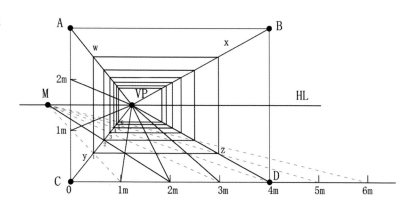

3.一点透视与构图的关系

首先，在纸张上用铅笔轻轻勾出所画空间的"范围框"，预留出纸张边缘的空白，避免后期作画时构图太满或太小的情况。

其次，在纸张的中间或稍偏下的地方画出基准面，其大小依据空间大小而定。

然后，人的视平线一般在1.2~1.5m的高度内，作图较为舒适。因此，室内家具表现中的视平线应在基准面的1/2处或1/2稍偏下处，空间表现较为良好；公共空间手绘表现中的视平线可设在基准面靠下的1/3处。反之，易造成地面或顶面透视太陡、空间不平稳的视觉感受。

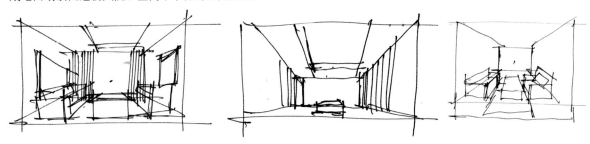

最后，在一点透视中，由于视线，即与画面垂直的所有边线都统一消失于视平线上的心点，心点垂直方向以左的灭线向右集聚消失于心点，反之，向左集聚消失于心点，因此空间中所有物体的表现效果便依据心点来进行变换。在构图中需平衡心点左右两边的画面，避免左轻右重、左重右轻的构图现象。

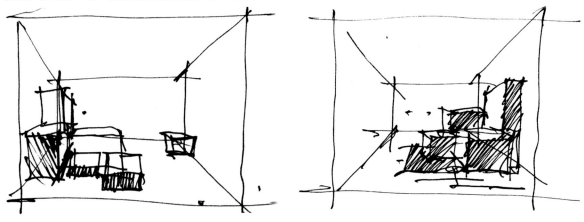

此外，无论是一点透视、一点斜透视还是两点透视，绘制时都应注意比例尺度问题。在实际表现案例中，要注意家具在空间中的近大远小关系，避免出现远处家具过长、过大等基本的比例尺度问题。

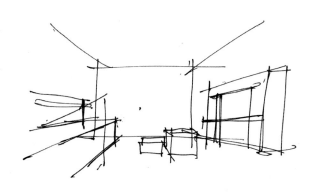

视平线

灭点

三 一点斜透视

1.一点斜透视概述

一点斜透视，也称"平角透视"，是介于一点透视和两点透视之间的透视效果。尽管它与一点透视的画面形式十分相似，但其不同之处在于一点斜透视有两个灭点，一个在画面之内，一个在画面之外，不像两点透视的两个灭点都在画面之内，它其实是两点透视的特殊情况。

一点斜透视不仅可以表现大范围场景，还可以得到灵活、生动的画面美感，避免一点透视的呆板和两点透视的范围狭小，是我们最常用的一种透视作图技法。例如，它在展现室内主体墙面、家具及空间完整性的同时，还能轻松活跃地呈现出空间的美感。

2.一点斜透视的作图原理

（1）先画一点透视的基准面作为基准。

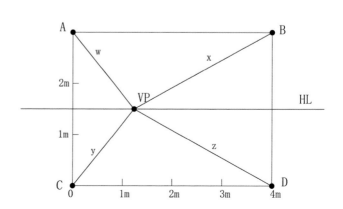

（2）从基准面上的A点引出任意角度的直线连接到直线x，生成b点，然后由b点向下做垂线与直线z相交，生成d点。再从d点引直线到C点。这个过程则形成了一个近似梯形的面，也就是新的基准面。在平面图上显示完整的进深度是6m，因此将线段CD延长，添加5m和6m的单位标记，测点与各单位标记所连接形成的线段再通过直线y时生成了1、2、3、4、5、6这几个点。

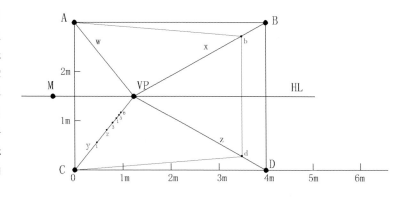

（3）从直线y上的1做垂线穿过直线w，在VP与A点的连线上交于g点，并与线段Ab交于a点，然后再与灭点（VP）连接。由b点引水平线与VP和a点的连线相交，产生交点c。

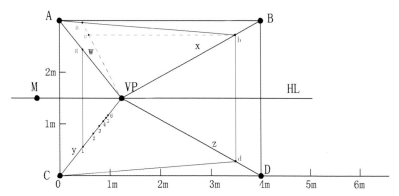

（4）由c点做垂线与直线w相交，从所生成的交点引水平线到达线段bd，生成交点e。连接e点与g点，从线段eg与直线x的交点做垂线到直线z，再将新产生的交点与直线y上的1连接，由此可以达到1m的进深了。

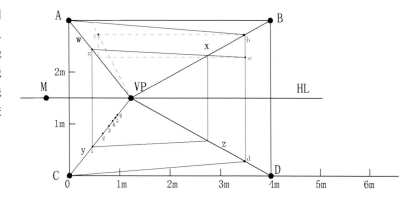

（5）采用同样的方法计算出直线y上的2、3、4、5、6各点的进深。

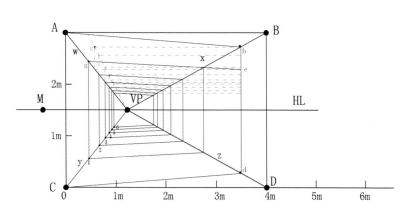

（6）画出进深关系，构成完整的透视空间。从AB、AC、BD、CD上画好的单位标记分别连线至灭点（VP），并在最终面上将所生成的交点进行对点连接。

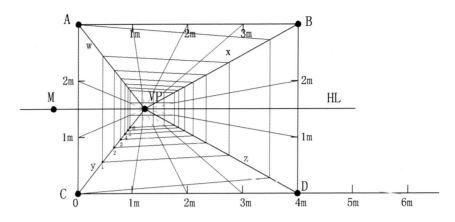

（7）将图形AbdC以外的线擦除，就完成了一点斜透视的空间。

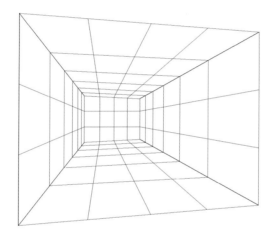

3.一点斜透视与构图的关系

与一点透视相同，在纸张上标出所画的"范围框"，保证大构图的舒适性。

相较于一点透视，一点斜透视的基准面在纸张上的位置稍偏左或稍偏右，视平线的高度同样也是位于基准面的1/2或1/2稍偏下的位置。

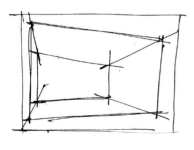
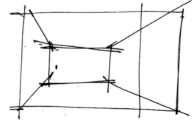
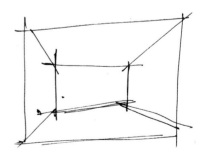

一般情况下，一个灭点在纸张之上，另一个灭点在纸张之外。在实际案例中构图时，为确保透视的舒适性和空间的平稳性，可适当将两个灭点的距离调远。

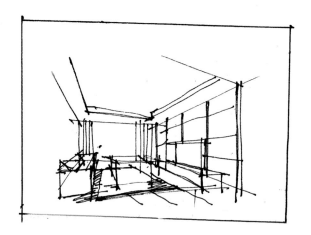

（四）两点透视

1.两点透视概述

两点透视，又称"成角透视"，指观察者看到的物体并非是长方形或正方形，而是从侧面的角度来观察物体。因此物体的任何一面都和画面不平行，各个面块边线的延长线与画面形成一定的角度，且相交于视平线上的两个灭点。

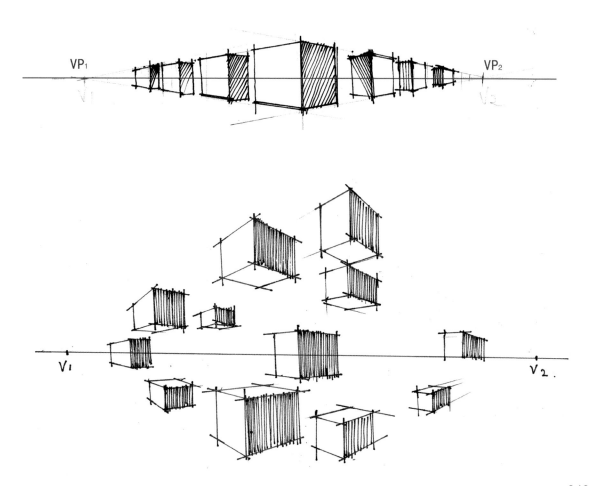

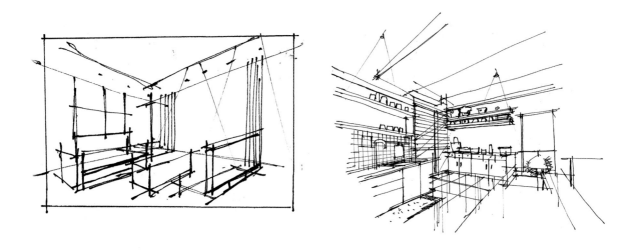

　　两点透视中由于存在基准线和不同角度的面块，体积感较强，因此具有空间感强、信息量丰富、画面效果自由活泼、直观反映空间形式的特点，通常适用于表现室内一角的特写。

2.两点透视的作图原理

（1）按比例画出高为3000mm的墙角线AB（真高线），在AB上距离1.6m处画出视平线HL，并任意确定灭点VP_1、VP_2，然后画出上下墙线，接着以VP_1到VP_2的距离为直径画半圆，交AB延长线于E_0，再分别以VP_1和VP_2为圆心，各点到E_0的距离为半径画圆，分别交HL于M_1和M_2点。

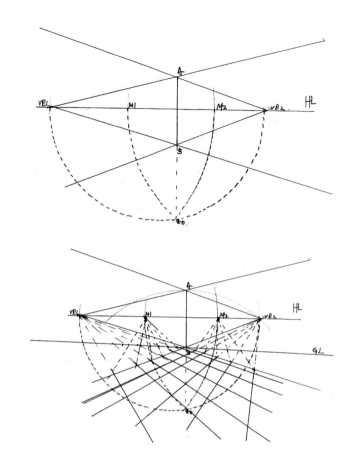

（2）通过B点做平行线即基线GL，在基线上按比例分出房间的尺度网格6000mm×5000mm，分别置于AB的左右两侧，然后从M_1和M_2点引线各自交于左右两侧墙线。交点就是透视图的尺度网格点。通过这些点分别向左右灭点引线，即得到该房间的透视网格，在AB上量取真实高度便可作出室内两点透视图。

3.两点透视与构图的关系

与一点透视相同，确定"范围框"和视平线，确保大构图的准确性。

在画两点透视时，真高线的位置决定了最终的透视效果。如果将真高线设于纸张中心，难免会显得呆板无趣，因此为表达画面美感，可在纸张稍偏左或稍偏右确定真高线的位置，其高度也是位于纸张的1/2稍偏下处。

两点透视容易出现因角度选择不准而导致画面变形的问题，因此，绘图者可延长灭点的距离或将灭点定于画面之外，使横向延长线趋于平稳，避免横线太斜而不易把控画面。

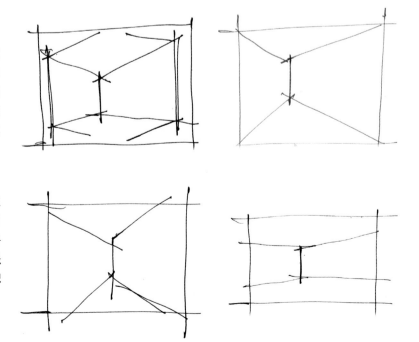

第5天 ▸ **空间思维训练**

一 空间思维训练的重要性

建筑是一门空间艺术，室内设计作为建筑学科体系下的一个重要分支，是对建筑设计的延续和细化，因此，空间形式的变化是室内设计的重要组成部分。作为空间设计基础的空间思维和空间想象直接关系到室内设计的功能与风格，所以绘画者准确熟练地将二维图纸和三维物体相互转换是室内手绘表现技法的核心。

我们已经对一点透视、一点斜透视和两点透视的原理有了基本的理解和掌握，也练习了几何体的基本画法，接下来要对空间思维进行训练，以便更熟练地运用透视原理推敲设计方案。

二 空间思维训练的实践初探

1.几何体的轴测图的训练

无论建筑空间构成是否复杂，它都是由很多简单的几何形元素组成的，因此我们可以用构成的方法分析和理解空间组合和形体构造。初学者一开始可以把不同形式的几何体作为轴测图和三视图练习的对象，进而把现实中各种家具、不同性质的空间形态用几何体构成的方法进行空间"想象"和空间"推理"。

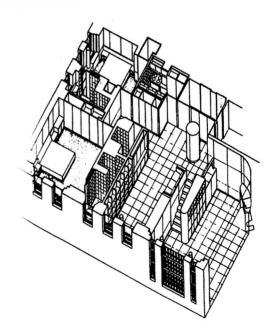

轴测图可以通过绘制单个几何体或多个几何体组合的正投影来练习。多面正投影图绘制可以将几何形体长、宽、高3个方向的形状直观地表达出来，有助于初学者理解空间组合。初学者可多加练习。

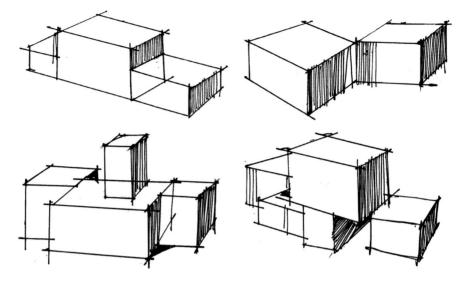

下面以一个三角体为例讲解轴测图的绘制方法。

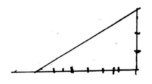
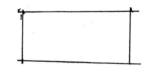

（1）首先画出原点和测轴。

（2）用适当的尺寸画出几何体的底面形状，并加以连接。

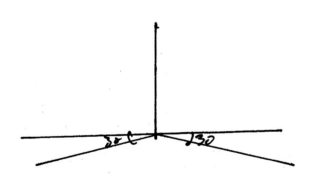
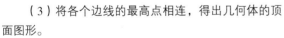

（3）将各个边线的最高点相连，得出几何体的顶面图形。

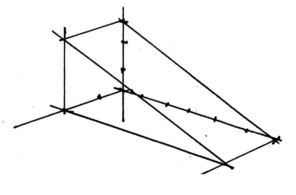

（4）加深轮廓线，完成几何形体的轴测图绘制。

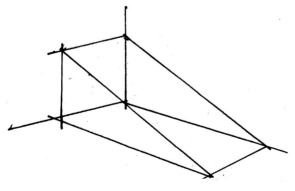
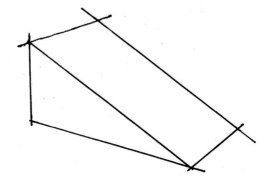

2.制作建筑模型，体验空间的真实感

制作建筑模型或室内模型，是初学者对空间认识的重要过程。在制作过程中可以体会空间的灵活多变，空间中实物的交错加减，还能对实物与实物、空间与空间的相互关系进行推敲，掌握它们之间的尺度和谐、比例协调和对位均衡的关系，这些都是设计师实现构思，逐步完成设计方案的必要阶段。

三 根据平面图生成立面空间

我们这里所说的平面生成立体指的是一些简单的立方体组合训练，在第8章会讲到整体空间的平立面转换方法。

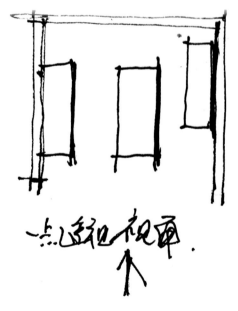 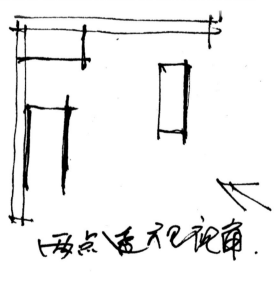

一点透视视角. 两点透视视角.

下面就以一点透视和两点透视为例进行讲解。

（1）首先，确定视平线的位置。

视平线

（2）在视平线上确定物体灭点的位置（一点透视只有一个灭点，两点透视有两个灭点）。

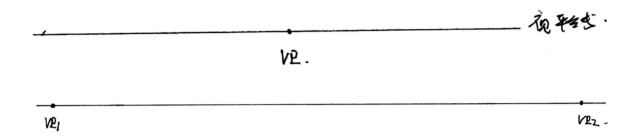

（3）观察物体的透视角度，确定其是平视、俯视，还是仰视，进而确定立方体是在视平线以上还是以下。

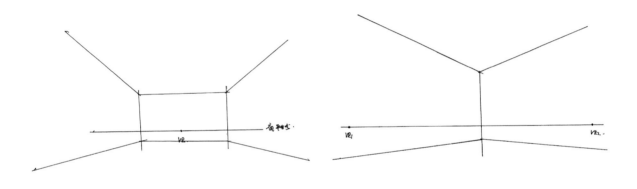

（4）画好各个立方体的平面图，也就是立方体的正投影。

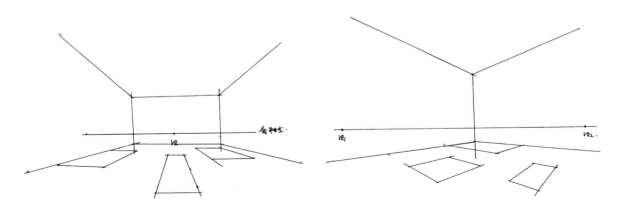

（5）确定各个立方体的高度，对立方体起高。

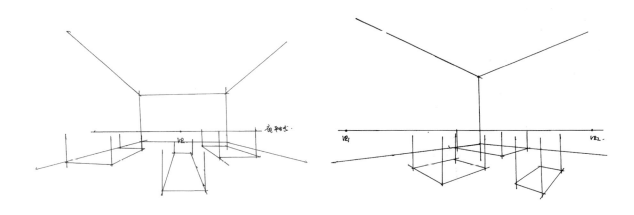

（6）根据一点透视的规律，将立方体与画面平行的那个面上的所有点连接于灭点；根据两点透视的规律，将立方体各个侧面上的所有点分别连接于左右两个灭点。

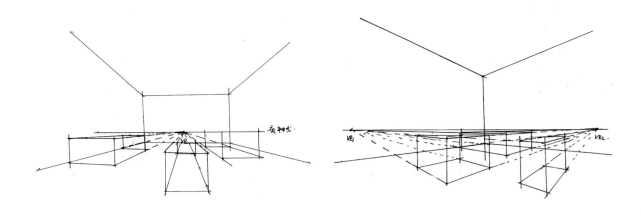

（7）确定各个立方体的深度，完成平面图生成立面空间。

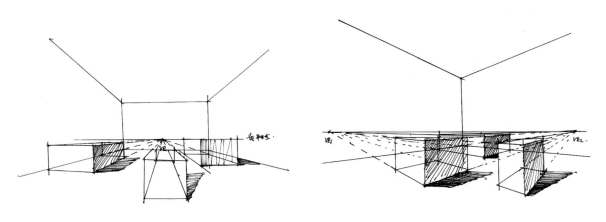

03

室内基础元素表现与练习

SUN	MON	TUE	WED	THU	FRI	SAT
~~1~~	~~2~~	~~3~~	~~4~~	~~5~~	6	7
8	9	10	11	12	13	14

第6天　室内单体的绘制与解析　　》》

第7天　室内陈设组合的绘制与解析　》》

第8天　室内小场景的绘制与解析　　》》

15	16	17	18	19	20	21
22	23	24	25	26	27	28

项目实践　　　　　　　　　　　　　　　≫

第6天 ▶ 室内单体的绘制与解析

陈设设计是室内设计中的重要组成部分，是建筑空间艺术的一部分。陈设在满足空间物质功能的同时，还能起到组织空间、分隔空间、填补空间、间接扩大空间的作用。此外，陈设品可以反映民族文化，营造特定的环境氛围，加强室内空间环境的层次感，陶冶人们的审美情趣。

接下来会为大家讲解一些常见的室内单体的绘制方法，希望大家通过练习能够加深对这些单体结构的理解，准确把握它们之间的相互关系。在绘画时，要以快速、简洁、明确的线条勾勒单体的基本结构形态，在落笔前头脑中必须形成基本构图，把握物体的结构与尺度，并对其概括、提炼，做到胸有成竹。

一 沙发的绘制与解析

1.沙发的认识与解析

根据沙发所使用材料的不同，可分为布艺沙发、皮质沙发、皮布结合沙发和布艺与木质结合的沙发等。按照沙发风格和造型可以分为中式沙发、欧式沙发和简约式沙发等。虽然沙发种类多样，但其结构大致相同，一般都由沙发框架、坐垫、靠背、扶手和沙发腿组成。不同的功能空间所使用的沙发风格和材料也各不相同，因此在表现沙发时，应考虑沙发的造型、颜色、材质、比例和柔软度等因素。例如，皮质沙发一般用于商务性的办公空间，整体线条比布艺沙发要硬朗，尤其是转角处的灵活线条要比布艺沙发明确，且其颜色多为深色，外观给人严肃庄重之感。

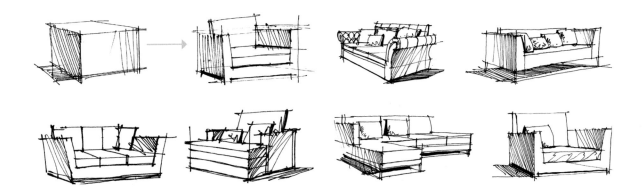

2.沙发的绘制方法

简约式沙发绘制

（1）用铅笔画出沙发的正投影，即沙发的底面。

（2）确定沙发坐垫和扶手的高度，并与底面上的各个点相连，勾勒出沙发的整体造型。注意沙发扶手的透视要与坐垫的透视相一致，绘画时要多对比，仔细观察，耐心描画结构。

（3）用刚硬的实线画出沙发的外轮廓，注意表现出材质的特点。

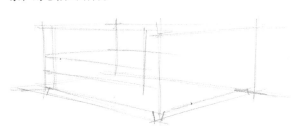

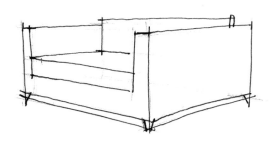

（4）用放松的软线刻画沙发的各种细节。

（5）整体调整画面，确定好阴影的位置，用疏密不同的排线进一步区分，完成沙发的绘制。

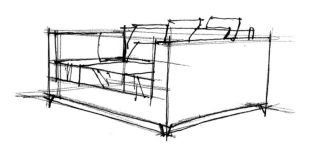

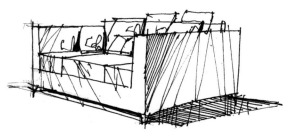

欧式沙发绘制

（1）用铅笔先在画纸上定位沙发的正投影，注意透视准确。

（2）用单线确定沙发的靠背、扶手和坐垫的高度，留心比例的精准。

（3）墨线勾勒沙发的轮廓，用线要肯定有力，线条硬朗、确定，转折部位要刻画清晰，注意形态的塑造。

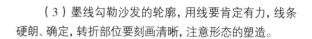

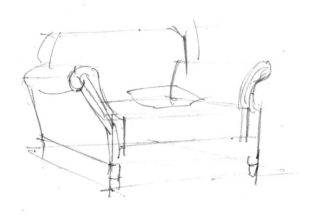

（4）由于欧式沙发的细节很多，所以要静下心来在大形的基础上深化细节，比如扶手的弯曲度，沙发的印花、纹理、流苏、边线缝制等，完善各个部位的描绘。

（5）画出沙发的阴影，注意疏密层次，可用纵向的短线条破除阴影的死板。

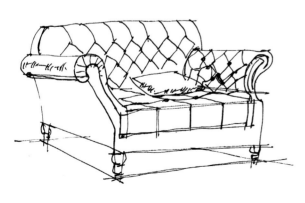

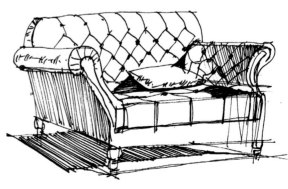

床体的绘制与解析

1.床体的认识与解析

　　床体主要由床基、床垫、床靠和床单、床罩等组成。床基即床板，是掀开床垫后所露出来的木质床板，直接关系到床的质量；床垫在床基之上，有弹性软硬之分，其大小只有和床基很好地吻合，才可能有最佳的睡眠质量；床靠指的是人坐在床上靠的立面，床靠因材料不同使得外观造型多样化；床单、床罩和枕头等床上用品是床最终使用的必要元素，这些织物的图案风格、软硬程度、比例尺度的不同都会导致不同的手绘表现效果。

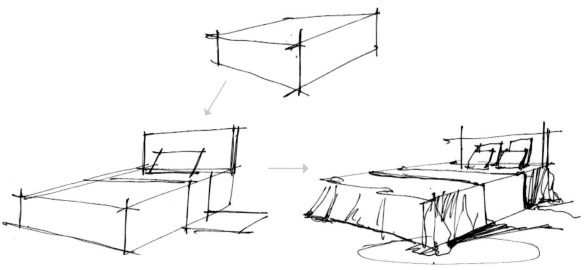

2.床的绘制方法

简约式床绘制

　　（1）轻轻画出床的正投影，
即床的底面，注意其透视关系。

（2）确定床的高度，一般在350~500mm，榻榻米会更矮一些。然后与底面边线上的各个点相连，完成床外轮廓的起稿。

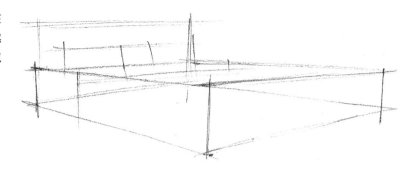

（3）用刚毅厚重的线条勾勒出床基、床靠和床垫的基本形状，然后用放松的软线或曲线画出床单、床罩、枕头的外观和床转角处的褶皱。

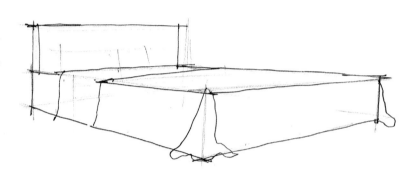

（4）用虚线刻画床面、床靠和床上用品的图案、褶皱、起伏等细节，增加床的层次感。

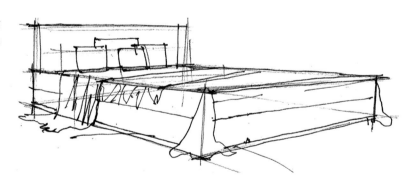

（5）用排线画出床的阴影，用线条的疏密、软硬来表现阴影的层次关系，形成由明到暗、由浅到深的退晕效果，突出形体的体积感与光影感，并处理好床罩与床基的遮挡关系。

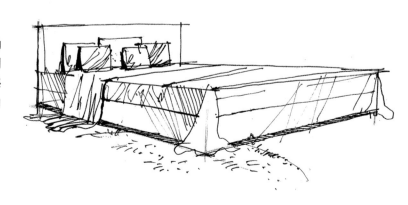

欧式床绘制

（1）把握好床的透视，用铅笔勾勒出大的体块关系。不用过多在意细节，但一定要把透视放在第一位。

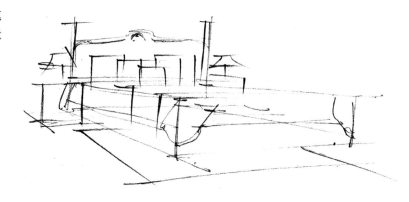

（2）用墨线勾出床的外形，注意在床的不同部分，用线的软硬也不同。例如，床的结构部分应该用较硬较直的线进行勾勒，到下垂的床单部分就应该换成较软的线条。这也是对材质特性的把握。

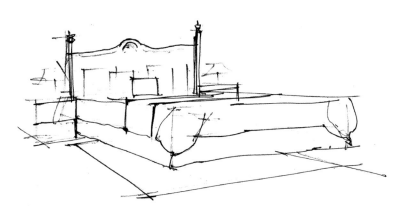

（3）在大形体框架的基础上进一步勾勒细节部分，如床靠的复杂造型，床头靠垫的材质以及床上的枕头到底分几层，这些都需要详尽地勾勒出来。由于欧式床体比较复杂，因此需尽可能多地花费时间在细节刻画上，丰富画面效果。

（4）用排线的方式画出明暗关系，进一步区分形体，加强床上小形体的结构感，同时也可以加强画面的空间感，通过床下内重外轻的调子以及床头柜下面的阴影，使得这组家具组合更真实地置于空间当中。

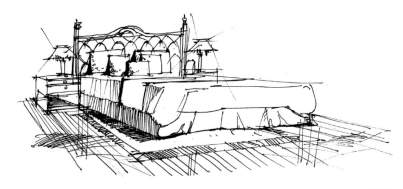

三 椅子的绘制与解析

1.椅子的认识与解析

　　椅子对我们来讲再熟悉不过了,一般按材质可分为实木椅、玻璃椅、铁艺椅、塑料椅、布艺椅、皮艺椅和发泡椅等,按使用功能的不同可分为办公椅、餐椅、吧椅、休闲椅、躺椅和专用椅等。不同功能和种类的椅子,尺度大小也不尽相同,但基本结构相似。椅子一般由靠背、扶手、椅座、椅腿组成,由于形态各异,因此这4部分的结构样式和组织穿插也会有明显的变化。我们在技法表现中,应时刻注意椅子的形态和比例尺度因素。

2.椅子的绘制方法

　　(1)首先用铅笔画出椅子的投影。

　　(2)将椅子归纳成一个长方体,然后在此基础上找准椅子的基本形态和基本比例,如扶手与靠背的高度关系、椅座和靠背的结构关系,并用单线轻轻描绘。注意高度比例要准确。

（3）在单线的基础上大致勾勒出细节，要注意线条的简练和流畅，下笔应干脆、果断、流畅，千万不要拖泥带水，否则会令画面显得生硬而缺乏生气。这点对于初学者来说有些难度，用笔速度快容易丢形体，而保证画准形体线条又会显得呆板。这些只有通过长期实践，不断练习才能够运用自如。

（4）强调细节表现，添加阴影效果。用相对更密的线条加上阴影，留意黑白灰关系，亮面可以留白。

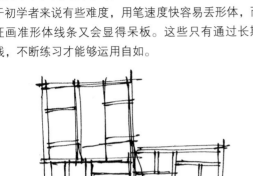

餐桌的绘制与解析

1.餐桌的解析

餐桌是供人们饮食时使用的家具，桌面形状有矩形、圆形和多边形等，材料有木质、玻璃、石材和金属等。由于使用空间的差异性，大小高度也不尽相同。餐桌除了简单的桌面和桌腿结构外，有的餐桌还设计了双层或多层置物面，桌腿、桌面的装饰手法也很多。

2.餐桌的绘制方法

方形餐桌绘制

（1）用铅笔简单勾勒出餐桌的底面，无论是矩形、圆形还是多边形，都应注意其透视关系。

（2）先确定餐桌的高度，餐桌高度一般在700~900mm。然后将底面与底面边线上的各个点相连，完成餐桌外观的基本绘制。

（3）用钢笔画出餐桌的外轮廓线，应注意餐桌的各个桌腿之间高低长短的透视关系，在绘制时可采用断线，避免将桌腿画歪的现象。

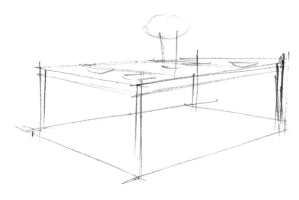

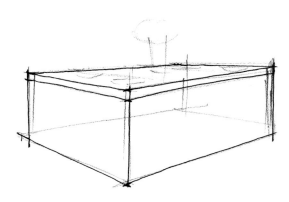

（4）采用灵活多变的线条细化餐桌，如餐具、桌面和桌腿上的细节。

（5）用排线刻画餐桌的阴影，这个过程要注意排线的虚实和疏密变化，可以用零散的竖线打破水平的排线，避免出现死黑的阴影。用纵向的扫线来表现桌面的反光，使餐桌富有层次感。保持画面干净，完成餐桌的手绘表现。

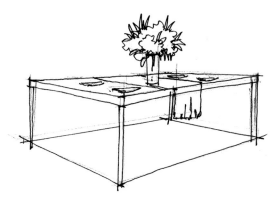

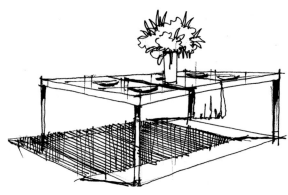

圆形餐桌绘制

在绘制圆形餐桌时要注意直径，一般有以下规格：2人500~800mm、4人900mm、5人1100mm、6人1100~1250mm、8人1300mm、8人以上1500~1800mm。

（1）画出圆形餐桌的正投影，注意透视关系，近处的弧线弯曲度要大些，远处的弧线弯曲度要平缓一些。

（2）起高，根据投影关系画出圆桌的高度，并用墨线勾勒出圆桌的整体形态，注意桌面的透视处理。

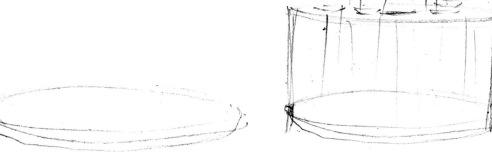

（3）在大框架确定好的基础上画出桌子的结构细节，如桌面厚度的变化、桌腿的弯曲以及桌子上的摆设等。

（4）用渐变排线表达圆桌的阴影，注意阴影的透气性，可适当画出桌面的反光。

五 灯饰的绘制与解析

1.灯饰的解析

灯饰，即装饰室内环境的灯具，不仅可以起到照明的作用，还可以满足人们的情感需求。它能起到营造氛围的作用，是空间表现中不可缺少的一部分。

依据类别和造型的不同,灯饰可分为吸顶灯、吊灯、壁灯、嵌顶灯和可活动灯具。

紧贴屋顶安装,像是被吸附在屋顶上的灯称为吸顶灯,其形状多样,是家居、办公、文娱等各种场所经常选用的灯具。它不仅能让室内空间有足够的高度,而且经济实用。

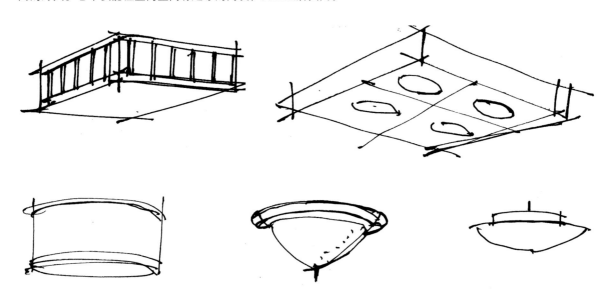

吊灯的整个装置可以通过电线或铁丝垂吊到需要的高度。作为室内空间中的主要照明灯具,它的照明强度大,且灯光范围很广。

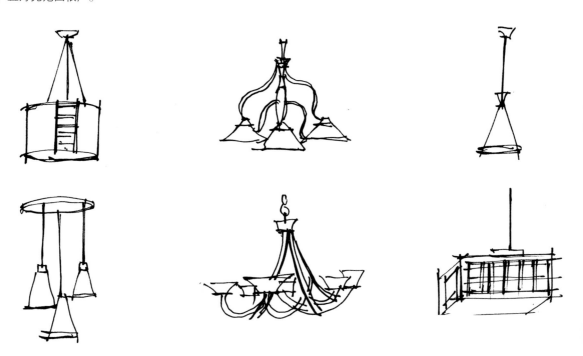

壁灯是安装在墙壁上的，高度约1.8m，是一种辅助照明的装饰性灯具。其光线柔和淡雅，能起到点缀空间、调节气氛的作用。

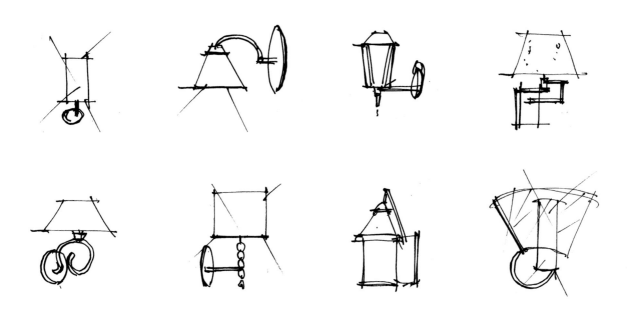

可活动灯具可以根据自身需要自由调节，种类较多，包括台灯、落地灯和烛台等。

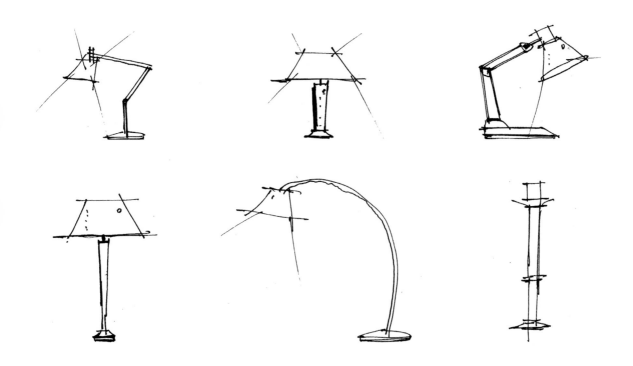

　　灯饰在表现时应注意其结构，细化灯具的小部件，如底座、灯罩、灯绳、旋转扣、弹簧等，注意各部件之间高度大小的比例、衔接、穿插关系，各构件的透视需与整体造型一致。另外，灯具在整个空间中要强调的是灯光烘托的氛围，并非其本身，因此，在表现空间时，应以表现环境的和谐为主，从空间的整体色调出发，弱化灯具单体，使灯具的光线融于整体空间中。

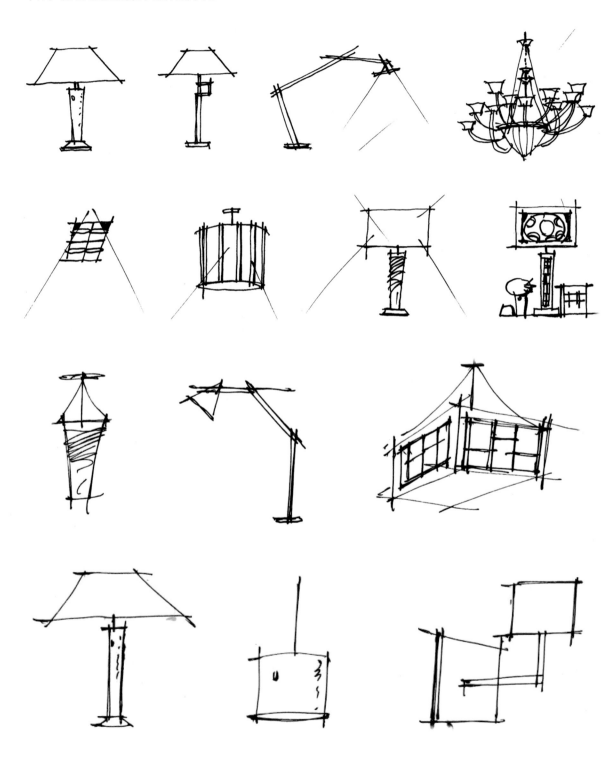

2.灯饰的绘制方法

（1）简单用铅笔画出灯具的整体造型，然后用硬线勾勒出灯具的基本形状。

（2）细化灯具的小部件，划分好灯具的底座、灯罩、灯绳、旋转扣、弹簧等构件，注意各部件之间高度大小的比例关系，细节的透视必须与灯具造型一致。

（3）完善灯具的细节刻画，完成灯具的基本绘制。

（4）加强灯具的明暗关系，并使用快速扫笔的方法画出光晕的范围，注意区分结构、阴影、光感线条的虚实。只有将这些细节表现出来，才能表现出切合实际的灯具。

（5）擦除铅笔线稿或辅助线，完成灯具的手绘表现。

织物的绘制与解析

1.织物的解析

织物在室内陈设中占了相当大的面积，如布艺沙发、窗帘、地毯、帷幔及各种家具表面的织物，它们不仅具有包裹家具、吸声隔热、调节光线的实用功能，还能打破室内环境中生硬、冰冷的线条，营造温馨舒适的居室空间。从室内陈设设计角度看，织物的不同色彩、图案、肌理及品质，都会给人带来不同的心理感受。红色调给人以炽热、温暖之感，蓝色给人以安静、清爽之感；大图案给人简洁大方的印象，小图案带给人秀美之感；丝绸质地轻薄，给人以动感，麻绒质地厚实，富有立体感。

2.织物的绘制方法

在手绘表现中，应该注重突出织物的材质肌理，线条应丰富多变，放松自如，不能画得太刻板。在练习中运笔速度稍快，运笔力量轻盈，不宜过重。

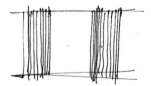   

 艺术品的绘制与解析

1.艺术品的解析

艺术品本身都颇具装饰性，在室内空间中起到烘托气氛、丰富画面效果的作用，是提升居室品位的最佳饰品。它的范围比较广，但最显著的一个特征是其具有一定的观赏价值，如绘画作品、书法、雕塑、陶瓷、各种工艺品等。这些艺术品赋予了人们精神诉求，在居室空间中可以强化室内设计风格或地域特色，增添室内的独特韵味。

  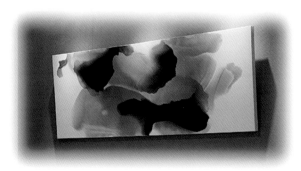

2.艺术品的绘制方法

表现艺术品时要从整体入手，以简洁、夸张、概括的线条表现它们，体现出活泼生动的形象美感，不能画得太细和呆板，能表现其形象特征即可。在勾画时，特别要注意彼此间的透视比例关系、组合遮挡关系和前后虚实关系。

 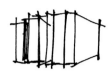

    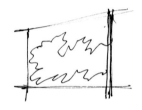

八 室内植物的绘制与解析

1.室内植物的解析

植物在室内是一个"动"的因素，不仅可以作为调节室内空气质量的元素，还可以作为分隔空间的构成要素，例如，将植物与其他元素相结合，形成背景墙隔断，装饰点缀室内空间，丰富视觉效果，营造空间的趣味性。除了装饰外，植物还可以净化室内空气，降低噪声，提高室内的环境质量。

2.室内植物的绘制方法

室内植物包含盆栽、绿植、插花等，其尺度有大小高低之分。植物线条既有一定的规律性又富有变化，因此在实际表现时，用笔速度应均匀，宜慢不宜快，用笔力度适中，保持平稳。在表现盆栽或大一些的绿植时，可用短小、疏密相间的W形或M形线表现，在勾勒时尽可能不要出现交叉，植物线条的走向也要有变化。为避免画面太平，可使用断线和点处理，而非一气呵成。轮廓线、阴影和花都要有所区分。表现干树枝时，在保证运笔走向和形体的基础上，用笔速度可稍快。另外，植物绿化与室内环境是一个整体，植物的大小要与空间的尺度相协调，以达到符合室内空间美学的目的。

 第7天 ## 室内陈设组合的绘制与解析

在具体绘画陈设组合的时候，无论是简单的、有秩序的组合还是复杂无章的组合，都应考虑整体空间的透视，注意单体、单体与单体、单体与整体之间的透视相一致。

一 沙发组合的绘制与解析

1.沙发组合的解析

沙发在客厅空间中是一个重要的组合主体，往往和电视组合在画面中会被塑造成空间的视觉重点，也是不可缺少的元素。因其造型各异，在表现时，应注意它们在空间中所处的角度和位置，并能从沙发本身的大轮廓去考虑，树立几何体的概念，画准基本形体的组合，这样就很容易从整体把握透视关系了。同时，要通过恰当地描绘茶几、沙发上的陈设品和造型各异的抱枕来提升画面的趣味性。

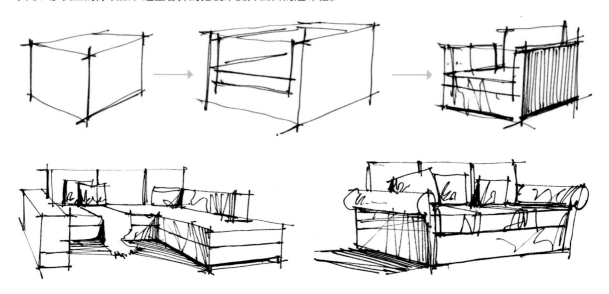

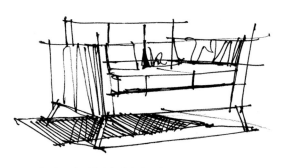
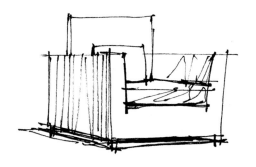

2.沙发组合的绘制方法

（1）画线稿前可以先把沙发分解成几何形体，通过这样的方式了解沙发的基本形态构成。然后画出沙发组合的正投影。

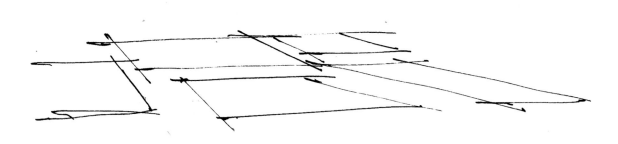

（2）沙发组合可以概括为是由几个"方盒子"组合而成的，在绘制时要注意这几个"盒子"的透视关系和比例。

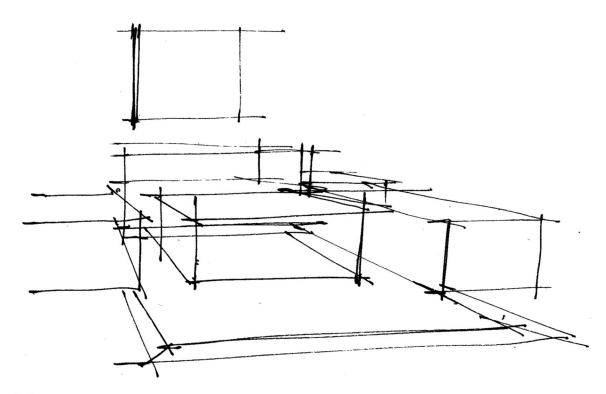

（3）对这几个"方盒子"稍加变形，或者说刻画"方盒子"的细节，绘制出沙发组合的形态。当然，根据沙发形态的不同，要采取不同的形态转换。

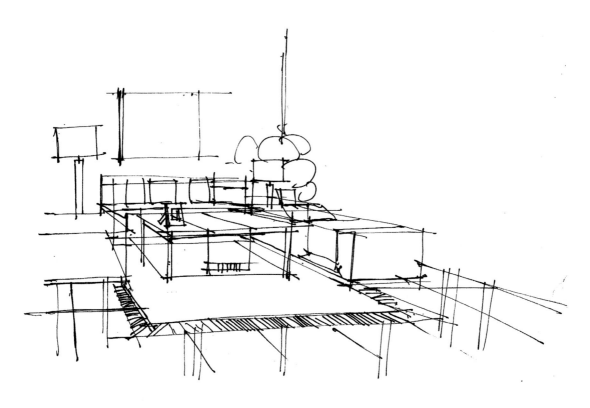

（4）加上阴影和明暗效果，突出沙发的体积感。

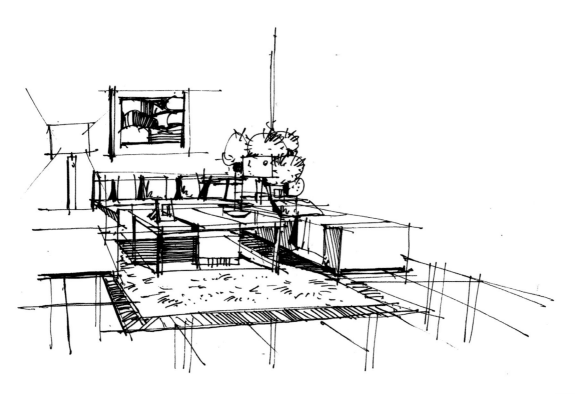

3.沙发组合的练习

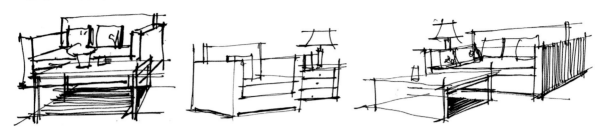

 餐桌组合的绘制与解析

1.餐桌组合的解析

　　餐桌由于排列组合密集,形体结构复杂,相互作用大,所以在表现时要顾全大局,远处的椅子可以用简单的线条来概括,能看出基本形状即可,近一些的椅子所占的画面比例较大,需要细致刻画。处理时也要适可而止,避免专抠细节。尤其注意它们之间的透视关系。

2.餐桌组合的绘制方法

（1）根据家具的投影，用较轻的铅笔线条画出大概的体块位置与透视关系，确定椅背、扶手、椅座和椅腿等部位，不用画出过多细节，只需交代出家具的大形即可。

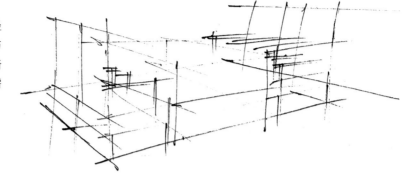

（2）勾墨线的时候按照从前往后的顺序，前面可精细些，后面简单带过即可，这样不仅能表现出家具前后的虚实关系和遮挡关系，而且也突出了画面的重点。此阶段尤其要注意单体与单体之间的透视相一致，这样才能确保整个组合透视的准确性。

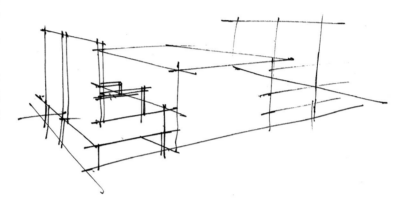

（3）选取画面中心开始刻画桌椅的细节，同时完善桌子上的餐具，烘托画面氛围。

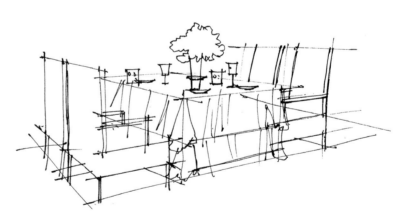

（4）最后通过明暗调子增强画面效果。

3.餐桌组合的练习

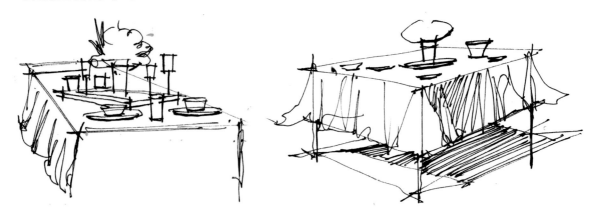

 床体组合的绘制与解析

1.床体组合的解析

　　完整的床头组合主要包括床、床头柜、床榻、床头墙、地毯和床头灯等陈设家具，在具体绘画床头组合的时候，尤其要注意各个家具与主体床的透视要一致。

2.床体组合的绘制方法

　　（1）用铅笔画出床体、床头柜、地毯等家具的正投影，注意其透视的一致性。

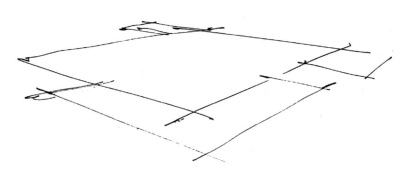

（2）起高后，用铅笔快速勾出组合家具的外轮廓，不用在意过多细节，保证基本比例和透视准确即可。

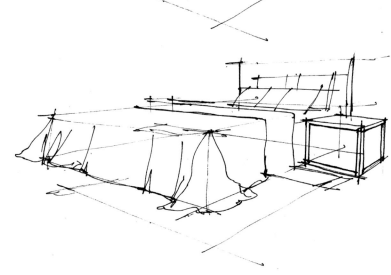

（3）用墨线勾出各个家具的结构线，注意用线的软硬。比如床头柜和床体的框架应该用较硬、较直的线进行勾勒，而床单下垂部分就应该换成较软的线条。线条的多变可形成不同材质家具的强烈对比，丰富画面效果。

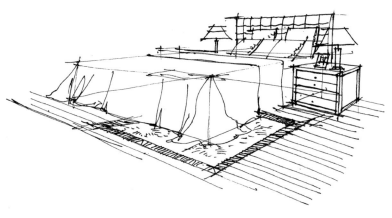

（4）选定画面中心，刻画家具细节，如床头灯、床头墙的陈设、靠垫、枕头等，丰富整体的趣味性。

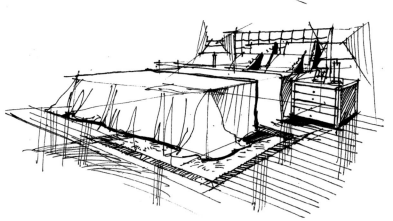

（5）用排线渐变的方式画出各个部分的阴影，阴影也是有虚实、主次的，为避免呆板，可在水平的阴影处加上竖线。

3.床体组合的练习

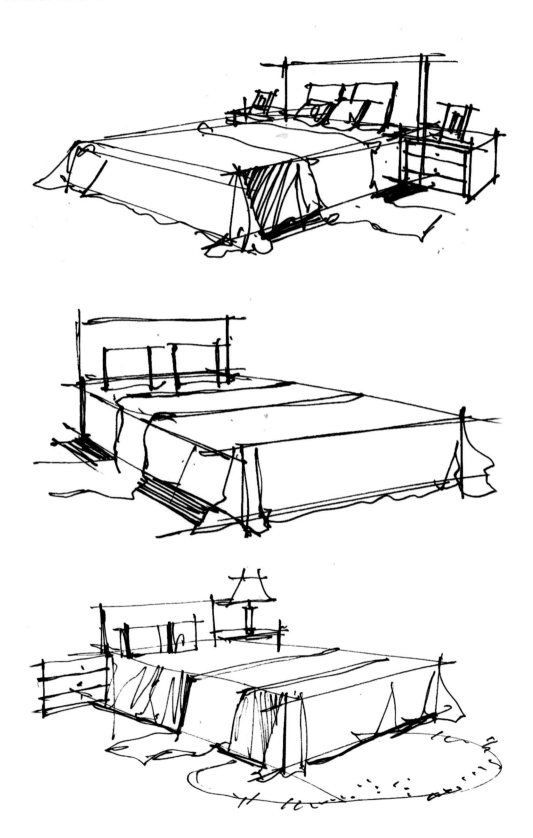

四 电视柜组合的绘制与解析

1.电视柜组合的解析

　　电视柜组合在客厅空间中是非常重要的，并且经常作为室内手绘表现的画面中心，因此我们需加强练习。电视柜组合形态种类繁多，千变万化，但在表现的时候同样可将其归纳成简单的形体。基本的电视柜组合包含了电视、电视柜和柜上的陈设小单品。

2.电视柜组合的绘制方法

　　（1）电视柜组合的绘制方法与前文相同，都是从几何体出发，再深入刻画。同样，画出电视柜组合的正投影。

　　（2）勾勒各个家具的外轮廓，保证透视的舒适性。

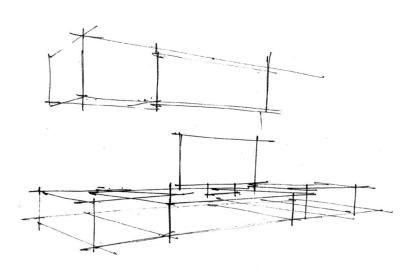

（3）深入表现其细节，划分电视柜的抽屉、隔板，然后画出电视的边缘厚度，并刻画柜上的音箱、相框、艺术品等小单品。

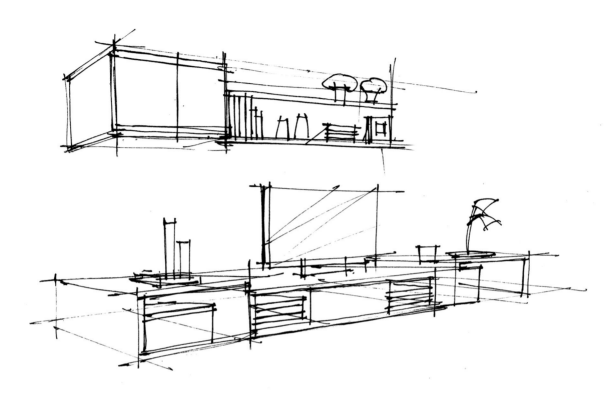

（4）加强阴影表现，注意区分主体阴影和电视柜隔板内部的阴影，并快速用斜线画出电视屏的反光效果。

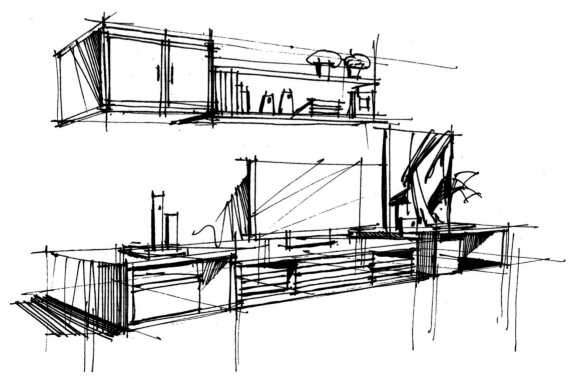

3.电视柜组合的练习

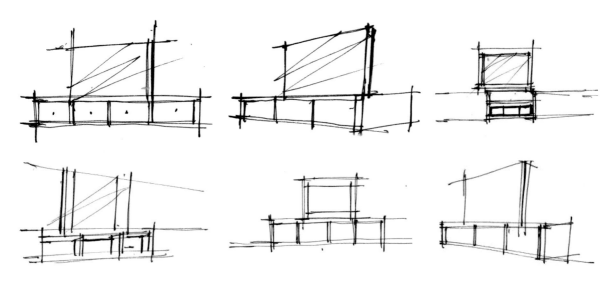

第8天 **室内小场景的绘制与解析**

小场景训练的目的是逐步培养空间感，为将来的整体表现做准备。场景训练是将单体、组合放在一起进行排列。

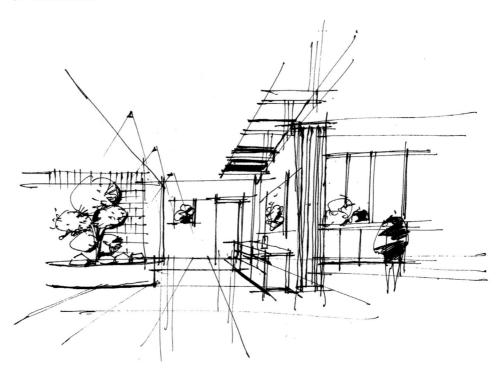

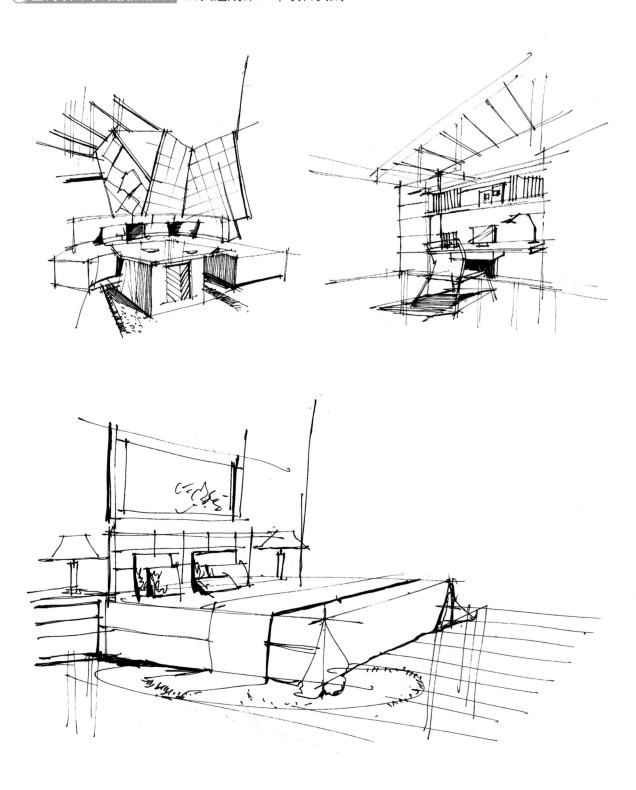

　　这要求我们在绘制单体时造型要准确无误，组合要有透视感，并且要对多个单体进行虚实处理，这样的场景空间才具有趣味性。这里列举了4个小场景的绘制方法。

卧室空间小场景的绘制与解析

（1）在画之前要做到心中有数，首先要对卧室中陈设品的比例关系、遮挡关系、透视关系进行分析，然后用概况简单的线条轻轻描绘，这样画出的家具才会特点鲜明。

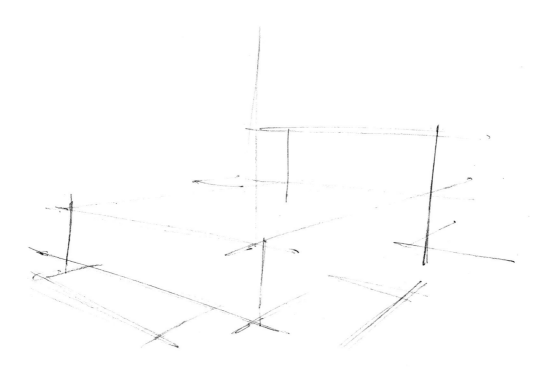

（2）用肯定有力的线条勾勒所有物体的轮廓，注意卧室中各个家具的遮挡与线条的穿插关系。线条有了穿插，物体与物体之间也就形成了空间。

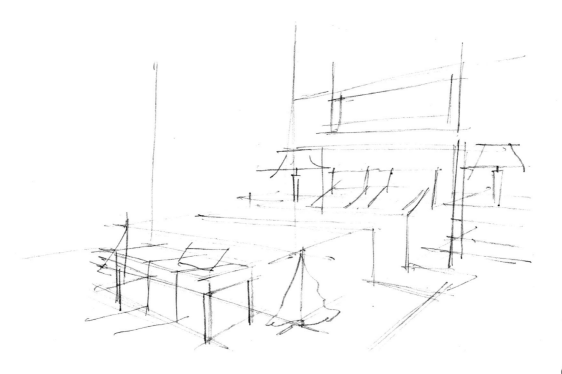

（3）确定场景中的重点后开始刻画细节，如抱枕上的花纹、地毯的毛边、陈设品的反光等，这些都需要逐一勾画出来。

（4）在已经绘制好的场景中增加光影，阴影也是有主次和虚实的。注意区分物体间阴影的不同，切不可死黑一片。

客厅空间小场景的绘制与解析

（1）画出客厅各个组合的投影形状，用铅笔快速勾出家具的大形和遮挡关系。

（2）用墨线画出各个家具的形体，注意软硬材质的区分，如柔软沙发和吊顶的对比，活泼地毯和硬朗茶几的对比。

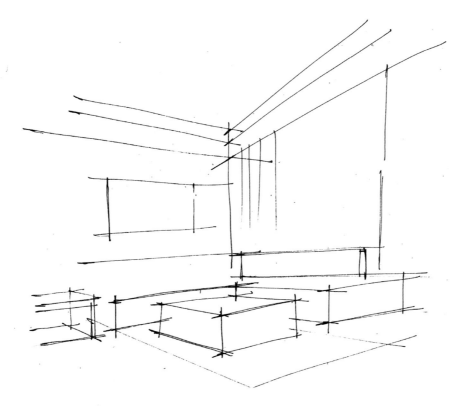

（3）深化画面的中心和重点，如地上的陈设品、沙发上随意摆放的抱枕、挂画的细节、家具前后的虚实等，但前提是要突出表现画面的重点部分，做到有主有次，主次分明，切不可"面面俱到""虚实无序"。

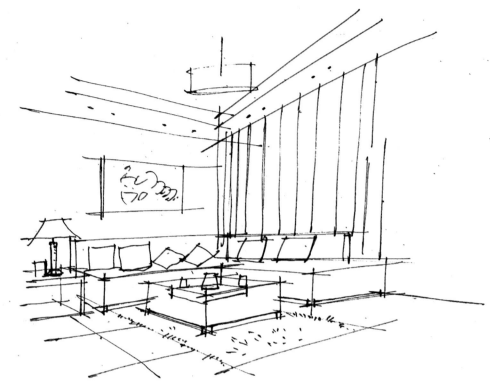

（4）加强阴影表现，区分主体阴影和小阴影（如靠垫在沙发上所形成的阴影）的不同。检查画面，完成客厅小场景的描绘。

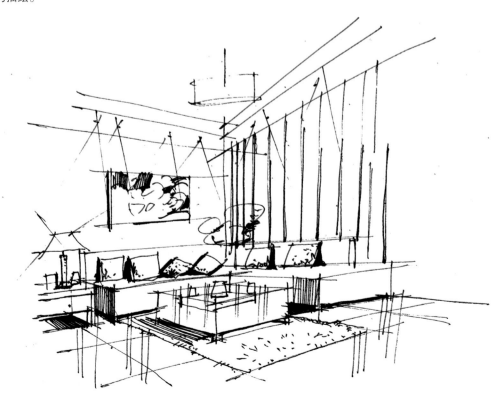

办公空间小场景的绘制与解析

（1）画出办公小场景中各个家具的正投影，并用单线快速勾勒基本形体。

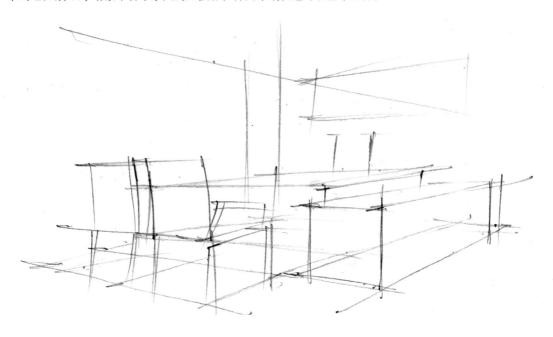

（2）办公场景的特点是具有一定的秩序性，因此，可以以概况的形式，从前往后勾出各个家具的外形，突显其前后的遮挡关系和主次关系，注意透视的一致性。

（3）对画面中比较靠前的办公椅进行刻画，如滚轮、椅背、扶手等细节，强调画面的中心。

（4）刻画画面中心家具的阴影，远处阴影一带而过即可，并用纵向小线条画出办公桌的反光，完善画面。

四 商业空间小场景的绘制与解析

（1）商业空间一般情况下具有很强的流动性，所以在空间设计上一般采用动态的、序列化的、有节奏的手法进行处理。根据透视关系用铅笔勾勒出场景的线稿，注意曲线的流畅和透视效果。

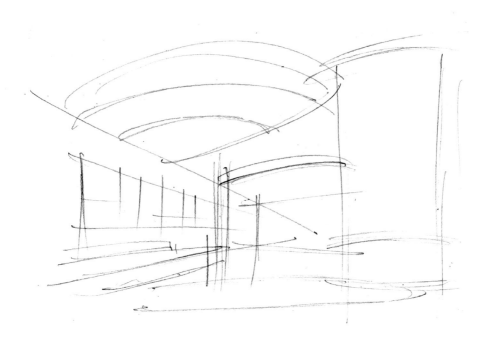

（2）用绘图笔描绘出肯定的线稿，注意线条的力度和曲线的表达。

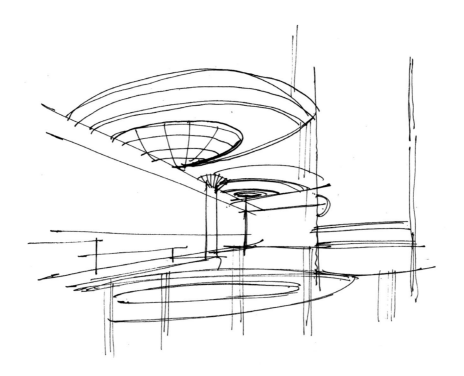

（3）细致刻画场景中的陈设艺术单品，注意其比例关系，完成所有家具形体。

（4）深化单体家具的明暗对比，并加强场景的光影处理。

04

精细室内空间线稿表现技法

SUN	MON	TUE	WED	THU	FRI	SAT
~~1~~	~~2~~	~~3~~	~~4~~	~~5~~	~~6~~	~~7~~
~~8~~	9	10	11	12	13	14

15	16	17	18	19	20	21
22	23	24	25	26	27	28

🕐 项目实践　　　　　　　　　　　　　　　　　　　　　≫

第9天 室内常见材质的线稿表现

通常具有视觉冲击力的设计效果图，都是由各种材质的刻画和配景来丰富和点缀的，只有将它们表达得准确到位，才有可能达到理想的画面效果，并让创造的环境丰富、完整、和谐，从而再现场景空间的艺术效果。

不同的材质给人不同的感觉，如玻璃、金属等现代化的材质可以表达产品的科技气息；木材、竹子等天然材质可以表达自然、古朴的意味。各种不同的材料，需要以不同的表达方法呈现其材质特征，因为材料的质感和肌理的性能特征将直接影响效果图的视觉感受。这就要求设计师必须经常不断地总结材质特征及丰富自身的视觉体验，从而找出在绘制手绘效果图时更加适合的表现方法。

一 石材表现

大理石、花岗岩、瓷砖等在室内装饰中已经被广泛地运用于地面、墙面和柱子等，起到了装饰和保护墙体的作用。石材质地坚硬，表面光滑，色彩沉着、稳重，纹理自然，变化丰富。在手绘表现图中，一般不过分深入刻画石材的纹理，而只是表现石材的感觉即可。

在表现大理石、花岗岩材料时，先用钢笔勾出大概轮廓，然后用勾线笔适当画出石材的纹理。

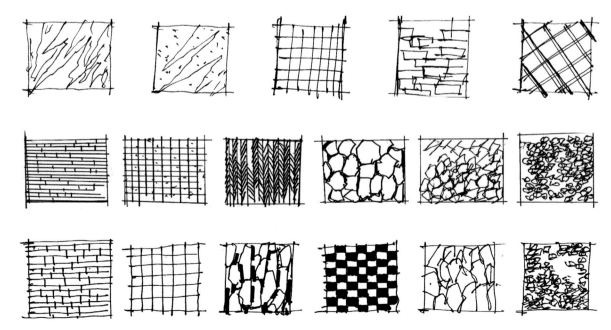

在表现瓷砖材料时由于该材料光洁度较好，纹理不明显，所以要用钢笔很好地表达出不同物体在光洁的地砖上所产生的倒影。画倒影时，要注意物体在空间位置的远近不同所产生倒影的深浅变化。此外，用笔要直，倒影的深浅与主次应根据需要来表现。对倒影不要过分强调，以免失去石材的质感，形成水面的效果。

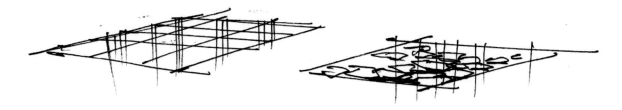

二 木材表现

木材作为室内装饰中的主体材料，运用十分广泛。它能给人一种回归自然的感觉，增加生活气息和亲切感。木材装饰包括原木和仿木质装饰两种。常用的原木有红木、花梨木、水曲木、枫木、橡木、胡桃木和斑马木等。木材的同类繁多，即便是同类，木材色泽和纹理也不尽相同，比如同样是黑胡桃木材，有的色泽是黑褐色，木纹呈波浪卷曲；有的色泽鲜明，木纹如虎纹。因此作为一名设计师必须对相应的材料进行了解、调查，进而掌握不同木材的变化规律和特点。具体作画时，应注意木材的色泽和纹理特征，以提高画面的真实感，不能仅以墨线表现，还要以点绘或勾线方式区分。这样才能做到胸有成竹，表现起来得心应手。

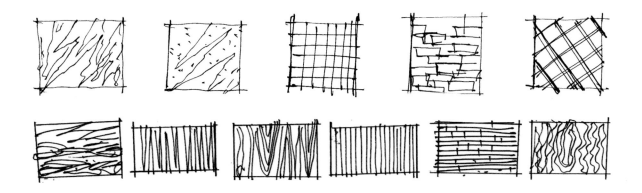

木材的共性是吸收均匀、不反光，且表面均有体现材料特点的纹理。在表现这些材料时，线条要流畅，明暗对比柔和，避免用坚硬的线条，且不要过分强调高光。

木材表现主要在于木纹的肌理处理，应用钢笔和粗糙的笔触来突出纹理等材质特征。

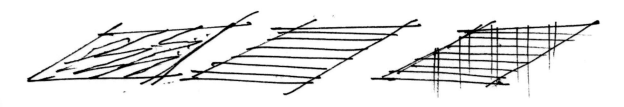

三 玻璃表现

　　玻璃在室内设计中应用广泛，已经成为室内装饰材质的主角之一，无论是在门窗、幕墙、家具还是餐具的材质表现上，都占有较大比例。这类材料不仅具有坚硬的共性，而且还有反射和折射的特性，光影变化丰富，而透光是其最主要的特点，主要类别有透明玻璃、磨砂玻璃、镀膜玻璃和有机玻璃等。装饰中的玻璃又分为玻璃幕墙、玻璃砖、白玻璃和镜面玻璃等，其特有的视觉装饰效果不仅透明，且能对周围产生映照。

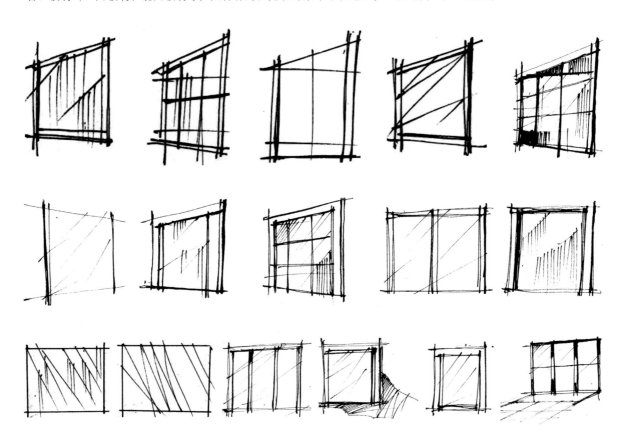

　　绘制玻璃材质时最主要的还是表现其透明质感，注意描绘出物体内部的透视线和零部件，以表现出透明的特点。还要画些疏密得当的投影线条表示玻璃的平滑与硬朗。同时，要掌握好反光部分与透过光线的多角性关系处理。其次，透明材料基本上是借助环境的底色，施加光线照射的色彩来表现。在处理光线时要注意光影的形状和边缘的处理。最后，影响玻璃的表现还有玻璃本身的颜色。在实际生活中，不仅有"无色"玻璃，还有大量蓝色、绿色、茶色、灰色等玻璃。这些有色玻璃自身也需要色彩的表现。

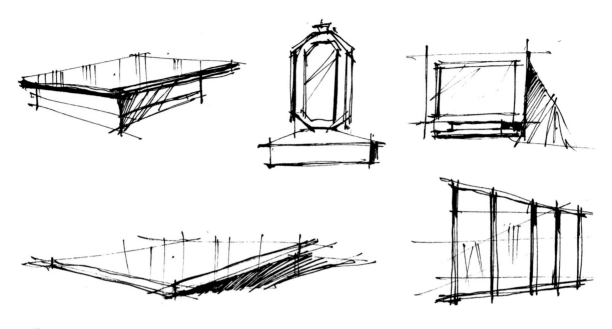

四 软质材料表现

在室内空间中，软质材料主要包括地毯、窗帘、床单、皮革和沙发布料等。软质材料的共同特点是吸收光线均匀、反射光线柔和且表面都呈现出材料自身所特有的纹理。在表达软质材料时，一般要着色均匀、线条流畅、明暗对比柔和，避免用坚硬的线条，不要过分强调高光，如地毯、窗帘等。但在描绘较挺拔的软质材料时却要块面分明、结构清晰、线条挺拔明确，如皮革。

地毯质感松软，有一定的厚度，对凹凸的花纹和绒毛可用短促的点状笔触表现。地毯表现的重点是质地和图案，图案的刻画不必过细，透视变化务必要准确，否则会影响整个画面的空间稳定性。

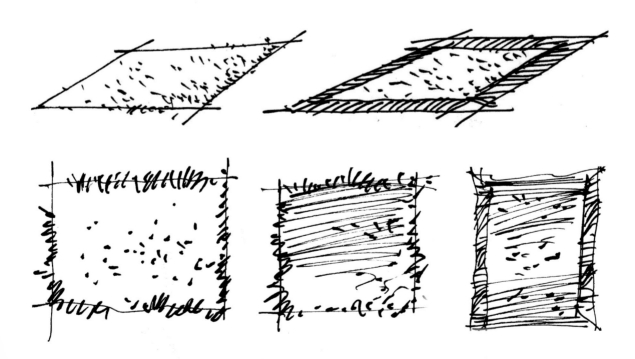

窗帘面料多为丝、棉布、麻织品等，其下垂度良好，收拢时会呈现出圆润的褶皱线条，绘制时用笔要果断，更要注意笔触应该随纹理的转折而发生变化。图案表达不必太过完整，有意蕴即可。

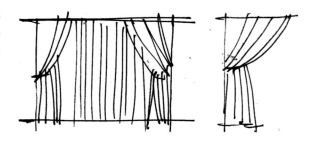

桌布和床单的材料选用棉质的居多，绘制桌布和床单时其表现力度着重放在转折褶皱处的线条处理上。其次还应注意强调用笔画线的方向与形体转折保持一致。

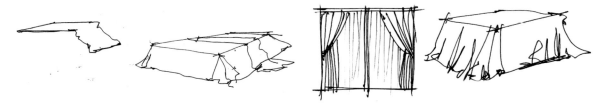

布料沙发质地柔和，调子对比差，只有明暗变化，不产生高光。绘画时要注意把握明暗的过渡，以表现出柔软性。布料沙发缝制的线缝是体现其质感的重要组成部分，不可忽略掉。

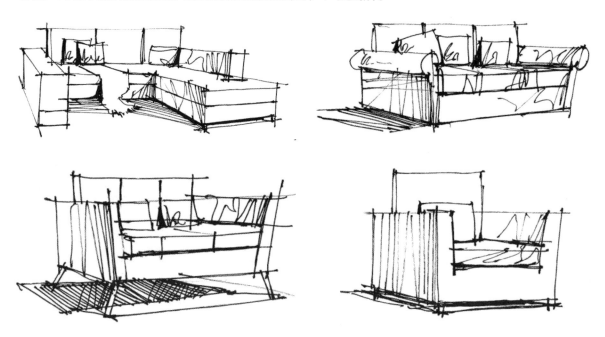

沙发靠垫的表现通常是根据其鼓起的轮廓绘制线条及表面的阴影，用笔要灵活柔软。

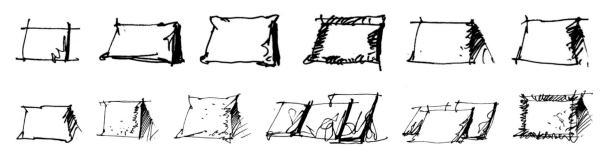

第10天 黑白线稿处理技法

黑白线稿是手绘效果图的一种表现形式，也是马克笔效果图的前期表现。它能够快速高效地传达设计师的设计意图及整个空间造型。

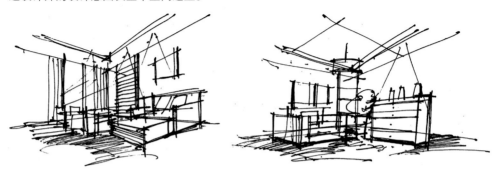

一 黑白线稿的特点

黑白线稿表现技法也叫单色画，它是用单色来表现对象的造型和质地的一种绘图手法。黑白线稿表现技法包括线条和色调两个基本要素，其绘制时多以线条为主，明暗为辅。一张黑白线稿的好坏关键在于对所绘物体的线条提炼及表达，还有如何把握明暗之间的黑白灰的关系以及整个画面的构图。用黑白线稿的技法表现效果图与画速写方案草图的方法有所区别，前者要求严格而准确的透视，线条表达更加严谨、规整，后者则更带有偶然性，线条会更随意、自由、轻巧一些。

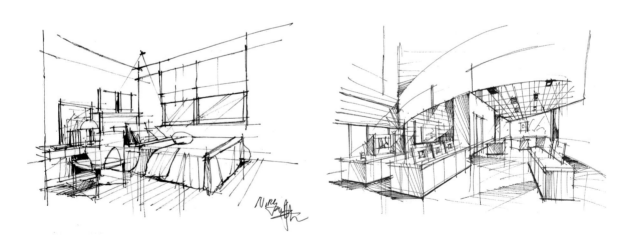

二 黑白线稿的表现技法

黑白线稿在于表现空间的造型及素描关系，在众多表现中常用的有以下3种技法。

1.线描法

　　黑白线稿是指以勾形为主的单线画法，类似于国画中的"白描"。这种画的特点是以简洁、明确的线条勾勒形象的基本结构形态、轮廓，不需繁杂华丽的修饰、烘托，具有清晰、明确的表现特点。

　　用线来表现形体是对形体的高度提炼和概括。不仅是刻画轮廓，也要注重强调与取舍对面的交界线。线描法不仅能正确地反映出物体的基本特征，而且通过不同线的运用，可表现物体的质感。如坚硬的质地可以用光滑的线条、平稳运笔的实线来表现；松软的质地可以用疏松的线条、轻快运笔的虚线来表现。在运笔中转折带方形表示硬，运笔中转折带圆形表示软，运笔慢而顿挫表示其稳固，运笔平而均匀则表示严谨等。

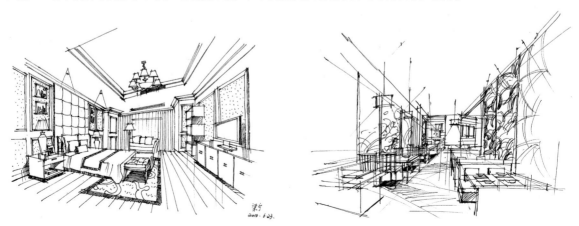

画面中的线条不仅在于正确刻画形体的轮廓与交界线，它的美感主要还表现于疏密的对比以及线本身的韵律与节奏。作画过程中不能孤立地、局部地组织线条对单个形体的塑造，而应把握住不同形体与形体之间、形体与环境之间的线条组织关系，疏密的节奏变化也是从整体画面的角度来考虑的。

2.影调法

影调法是通过刻画形象的明暗关系，强调出体积感和空间感的一种画法，类似于素描图。依靠钢笔线条排列的疏密来表现明暗变化，不仅能表现物体的空间体积，还能刻画形体的质感，渲染画面的气氛。

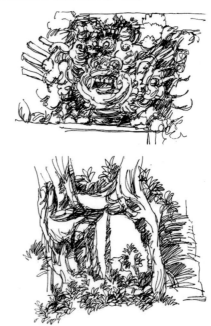

　　任何物体只要受到光的照射，就会产生一定的明暗关系。物体受到光的照射以后，会产生5大明暗区域：受光部、中间色、明暗交界线、反光、投影。无论形体的造型多么复杂，这5个层次的排列秩序都不会随着形体的不同而发生变化。画面的明暗关系就是指黑、白、灰的构成。

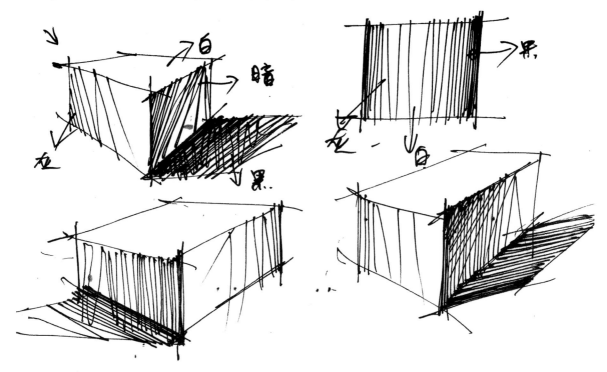

　　在用影调法绘制时，一定要了解被表现对象的形体结构，同时还需理解其明暗表现的基本规律，尤其需要在作画过程中做到重点突出、层次分明。当画面重点确定后，首先是要使突出重点的轮廓线明确、肯定；其次是加强它的明暗对比，也就是该亮的部分尽量提亮，该暗的地方应该更暗；最后就是重点的部分要画得实一些，其余的部分要处理得虚一些。只有这种明暗层次处理得恰如其分，才能取得良好的画面效果，画面也才可能有空间感与深度感。

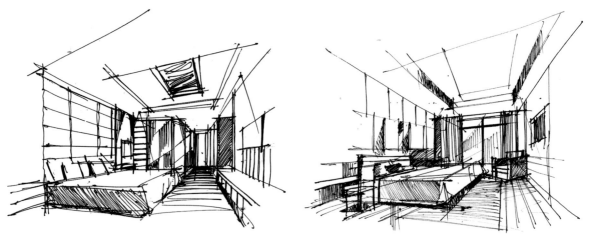

3.综合法

　　这种方法是将线描法和影调法综合起来运用的画法。一般可以用线描法勾勒基本形体结构，再适当以明暗来刻画对象的立体感；也可以在画出轮廓后，通过用块面加重阴影或其他暗部来活跃画面。这种画法在具体的表现之中具有更多的灵活性与自由性，应用范围非常广泛。

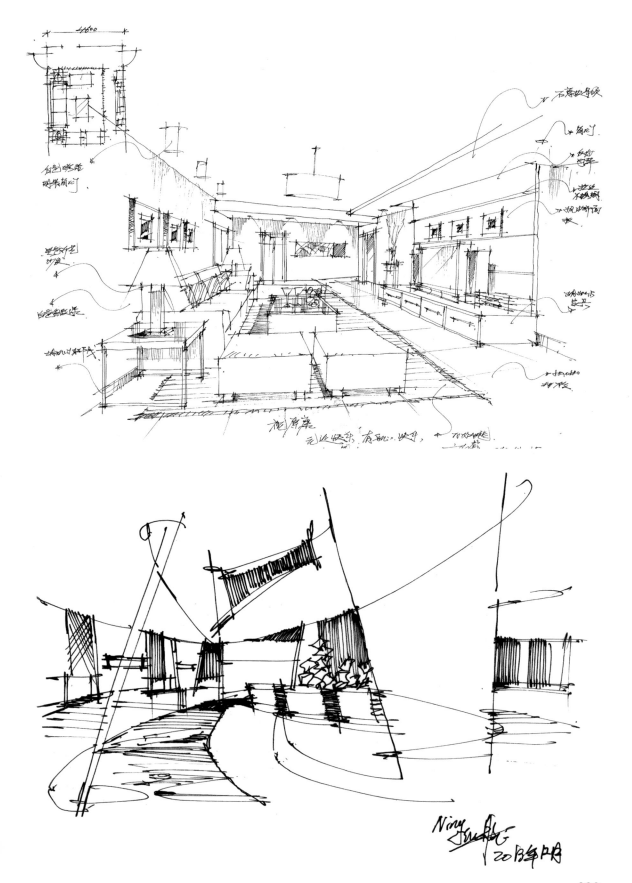

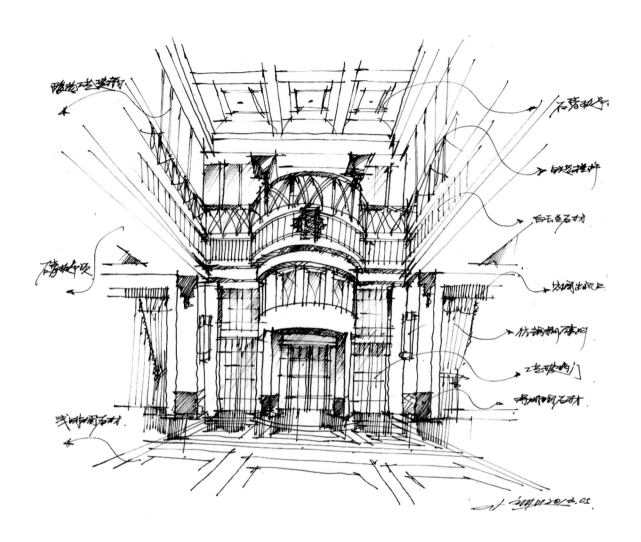

 第11天 ▶ **室内家装空间线稿表现**

一 客厅线稿表现

现代风格的家具和户型结构较为适合进行手绘表现。首先以现代风格客厅为例，展现光影、虚实、质感在黑白线稿中的表现技巧。

（1）确定视平线的高度，位置一般在画面的1/2偏下，并定好基准面。

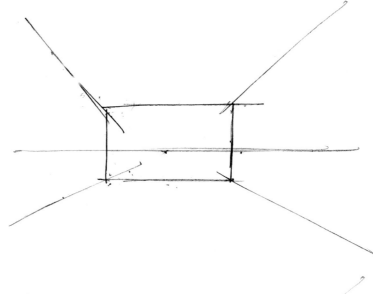

（2）目测各家具的比例，根据长方体组合法，将各家具以长方体的形式画在透视环境中。

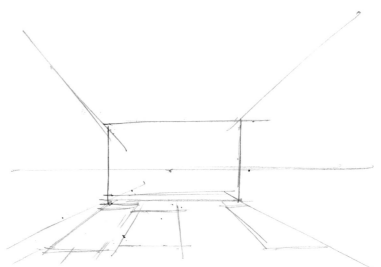

（3）用勾线笔勾出大概结构，先画出近处的沙发，再逐渐画较远的家具。

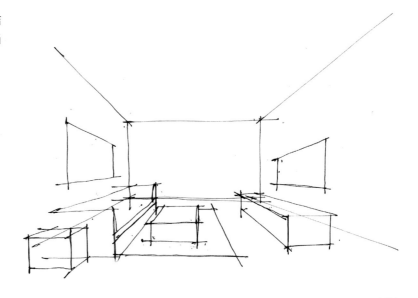

（4）逐步完善画面，细化家具结构细节。根据近实远虚的原理，充分展现家具在绘图中的虚实变化。

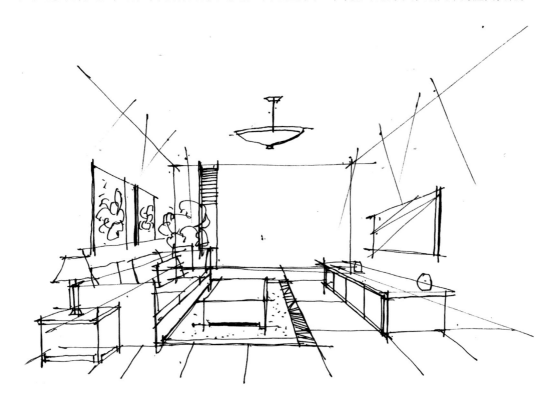

（5）用循环重叠的笔法耐心地画出地毯的绒毛质感，以此来加强主体的对比关系。画出沙发的图案及抱枕纹路，依然要考虑近实远虚的关系。进一步调整画面线条的疏密关系，完成黑白线稿。

二 书房线稿表现

（1）根据一点透视的规律构建空间透视。

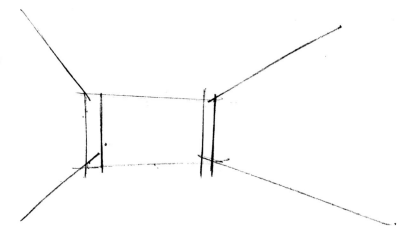

（2）目测各家具的比例，根据长方形组合法，将各家具以长方体的形式画在透视环境中。尽量多用直线概括，在最短的时间内，用最简洁的方式概括形体。

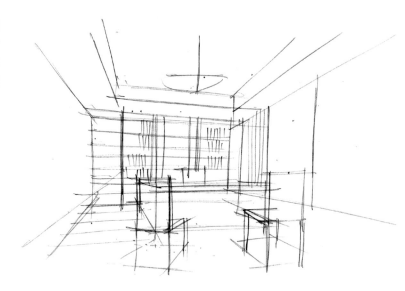

（3）用墨线绘制出书架、书桌，以及装饰小品的基本结构，注意遮挡关系。对于硬质的家具，线条应该硬朗。注意远近虚实在此时的体现。

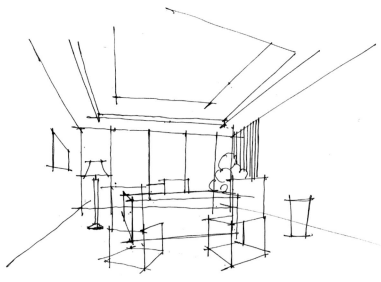

（4）继续完善画面，表现出顶部结构、窗帘和其他的元素。注意对画面的整体和透视的把握。

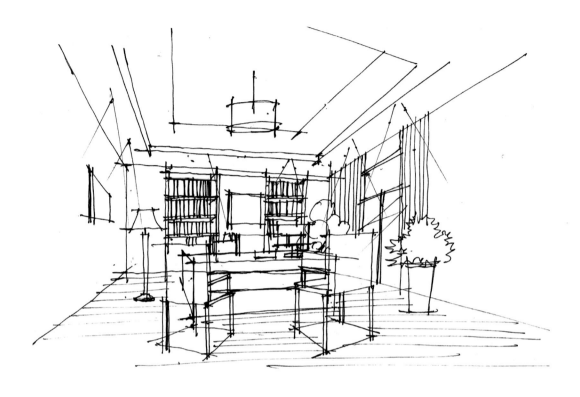

（5）用排线法表现书架、书桌、座椅在自然光和灯光下的投影效果。注意疏密的变化。

卧室线稿表现

（1）根据两点透视的规律构建室内空间，注意透视和比例关系。

（2）用最简洁的方式概括室内家具的形体，床体是卧室的主要表现对象，注意透视和比例。

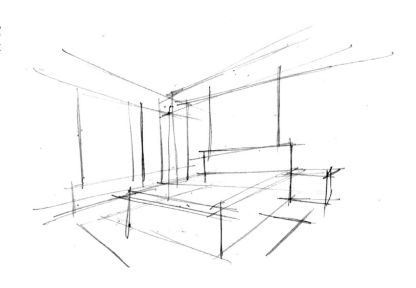

（3）用墨线绘制基本结构时，应该注意观察物体之间的遮挡关系。对于硬质的家具，线条应该硬朗；而对于软质的物体，线条则应该柔软、放松。

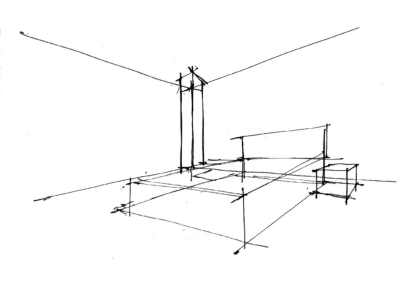

（4）表现出空间墙面的具体分割，在表现床上软制品时要注意褶皱的转折变化。

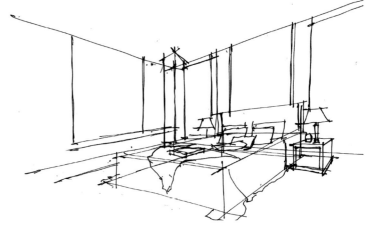

（5）绘制卧室空间顶部造型和灯具的造型，注意窗帘的褶皱纹理，然后继续完善墙面造型及装饰。此时应注意物体的质感表达，如窗帘的质感、玻璃的质感、床上用品的质感等。

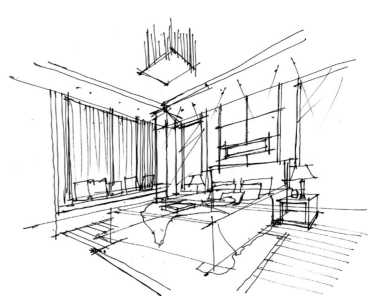

（6）用排线法表现床、抱枕、床头柜等在自然光和灯光下的投影效果，注意线条的疏密变化。

第12天 ▶ 室内商业空间线稿表现

一 办公空间表现

（1）先确定画面所要使用的透视关系，是一点透视还是两点透视，然后确定画面的视平线高度，位置一般在画面的1/2偏下，并定好基准面。

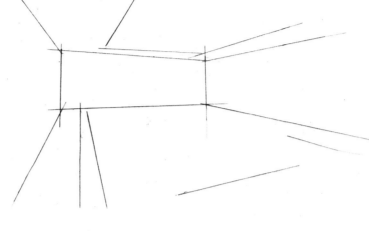

（2）根据平面关系找出各个家具在地面上的正投影，并根据实际高度按比例大小在画面上画出几何体框架。注意各办公家具在画面中所占的比例以及办公家具之间的位置关系。

（3）用勾线笔勾出画面的大概结构，先画出近处的办公家具，再画较远的办公家具。这个时候不要忘记画墙面和顶面，同样的道理，都是由近向远处画。细致地画出近处办公家具的结构特征及所陈设的物品。

（4）根据近实远虚的透视关系，深入刻画各个部分的材质特征和结构关系，让画面更加完整。

（5）用排线的笔法耐心地画出物体在光线下的阴影，再次刻画办公家具的细节部位，加强主体的对比关系。这个阶段依然要考虑近实远虚的关系。进一步调整画面线条的疏密关系，完成黑白线稿。

二 酒店大堂空间表现

酒店大堂空间是酒店综合性活动的空间，包括酒店接待区、休息区、商品区等。酒店大堂往往给人一种高大奢华的感觉。酒店大堂的设计能很好地烘托酒店的星级水平。下面是酒店大堂空间的线稿绘制步骤。

（1）酒店大堂的空间比较高大宽阔，适合用一点透视进行表现，因为这样比较容易把握整个画面。然后确定视平线的高度和灭点的位置。

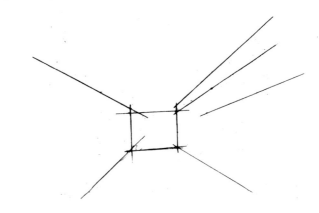

（2）在透视图框中画出整个空间的大致结构，注意比例的大小。画出接待台和休息区在画面中所占的比例，并将接待台与休息区的家具以几何形体的形式画在透视环境中。找出各个办公家具在地面上的正投影，并根据实际高度按比例大小在画面上画出几何体框架。

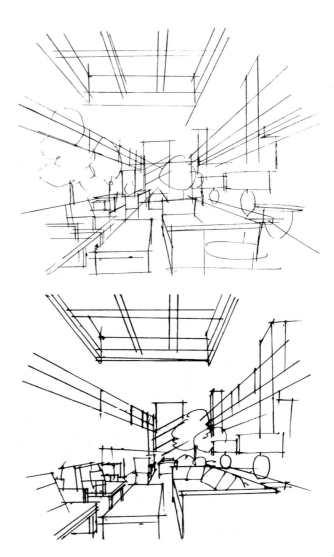

（3）根据铅笔线稿用勾线笔勾画出画面的大致结构，先画出近处的家具，再画较远处休息区的家具。不要忘记画墙面和顶面的勾画，同样的道理，都是由近处向远处画。

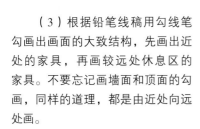

（4）完善画面细节，绘制出室内植物配景和各种装饰小品，然后整体表现出画面的暗部。

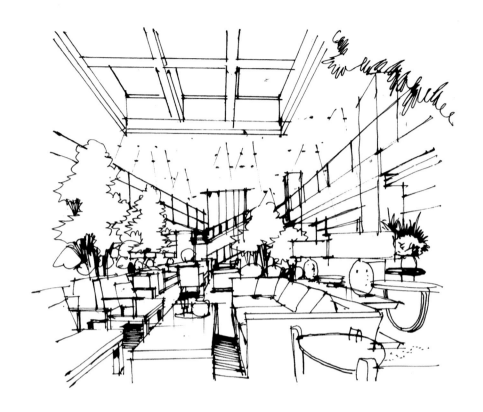

（5）加强画面的明暗对比关系，调整画面的整体细节，完善质感和空间表现。

餐饮空间表现

　　餐饮空间是供人们吃饭、休闲放松的地方，餐饮空间的设计效果的好坏会直接影响消费者就餐的心理。民以食为天，精致的餐饮空间不仅能适当地增加人的食欲感，还能提升餐饮的品位。

　　（1）确定画面所要使用的透视关系，然后确定出画面上视平线的高度和基准面。

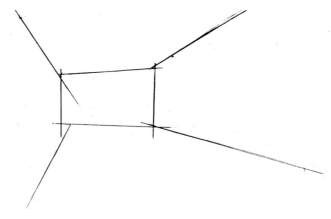

　　（2）根据平面关系找出各个餐饮家具在地面上的正投影，并根据实际高度按照比例大小在画面上画出几何体框架。餐饮空间中灯光设置在效果图中的表达比较重要，此时应确定灯具所处画面的位置及造型。

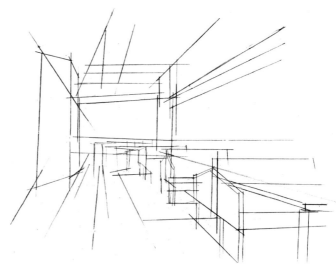

　　（3）根据铅笔线稿勾画出轮廓结构，并继续完善画面。

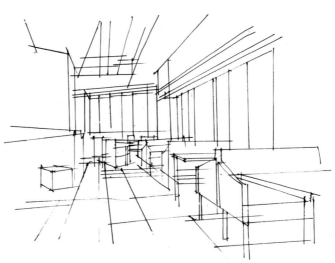

（4）细致地画出近处餐饮家具的结构特征及所桌上所陈设的餐具及装饰品。注意不同材质的质感表达。

（5）用排线的笔法耐心地画出物体在光线下的阴影，再次刻画餐饮家具的细节部位，加强主体的对比关系，完成黑白线稿。

05
室内手绘马克笔基本表现技法

SUN	MON	TUE	WED	THU	FRI	SAT
~~1~~	~~2~~	~~3~~	~~4~~	~~5~~	~~6~~	~~7~~
~~8~~	~~9~~	~~10~~	~~11~~	~~12~~	13	14
15	16	17	18	19	20	21

22	23	24	25	26	27	28

🕐 项目实践　　《

第13天 **马克笔的基础表现技法**

 马克笔的特性与功能

马克笔又称记号笔，原本只用于标记，但因其色彩多样、快干透明、作画快捷、画面效果醒目等特点，逐渐应用于建筑、工业、平面、城市规划、园林景观等各个设计领域。在室内设计方面，马克笔表现与一般意义上的绘画原理相似，但表现方式不同，它是室内设计师前期方案设计的辅助工具，以快速表达设计创意为目的。它是绘画造型、艺术审美及技巧表现等多项结合的产物。

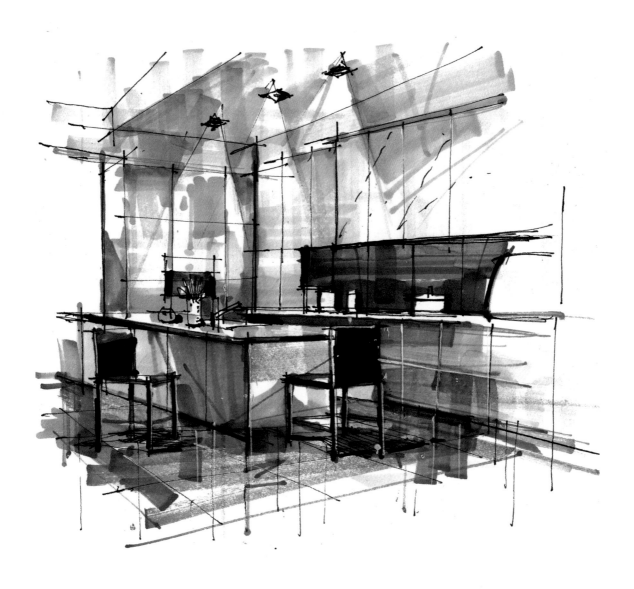

马克笔在表现技法中不是单独存在的，而是与其他作图工具相互配合使用的。水溶性彩色铅笔能弥补马克笔的不足，使色彩的过渡更加柔和，增强画面的肌理效果。

涂改液，即高光笔，是用于画面后期高光处理的，起到画龙点睛的作用，但不宜过多使用。

二 马克笔的基础用笔方式

在了解了马克笔的基本特性后，接下来将从以下几个方面总结马克笔的基础用笔方式。掌握用笔方式会大大提高我们的表现能力，但应灵活运用。

1.用笔速度

马克笔属于快速表现、一次成形的作画工具，这意味着使用者在绘画时应下笔肯定，用笔速度快，停笔时间短，运笔要流畅。

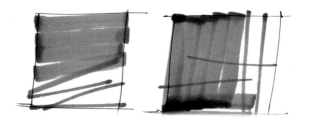

2.用笔力度

线条要挺直有力，注意轻重缓慢的过渡。在重的地方可以来回两笔后再开始渐渐往下或者往上，不需要太多来回。画面不用涂满，适当留白会使过渡有通透的感觉。

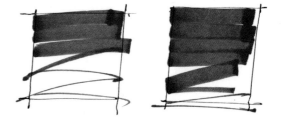

3.用笔方向

马克笔的笔触有很强的方向性，上色时要按照表现物的结构走向画，即绕着物体的结构走。笔触排列的方向与物体结构方向一致。

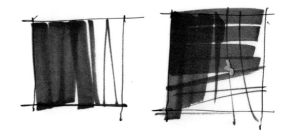

4.用笔次序

马克笔是单支单色的绘图工具，与其他水溶性颜料相比，不易于调和，所以需通过一系列的颜色叠加才能丰富地表现出空间虚实和肌理光影的效果。着色叠加时要注意用笔的次序，先浅后深，切忌凌乱琐碎。笔触的排列画出3~4个层次即可，不可重复过多，注意留白效果，以保证颜色的通透性。马克笔不适合做大面积的涂染，而只适用于概括性的表达。

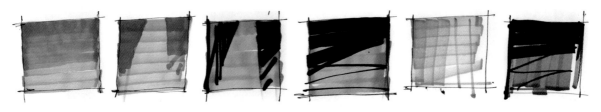

马克笔的体块与线条训练

用马克笔进行体块上色时，首先在保证线稿结构清楚、准确无误的前提下整体上色，把控好物体的基本色调，边画边收形，让色彩依附于形体。线条的粗细变化可丰富画面关系，通过调整画笔的角度和笔头的倾斜度，达到控制线条粗细变化的笔触效果。直画为细线，斜画可产生粗线。

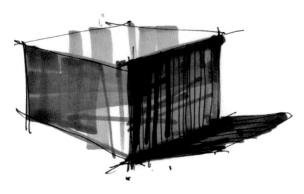

1.摆笔

顺着物体结构有序排列马克笔的笔触，速度适中，形成体块感，但容易刻板呆滞。

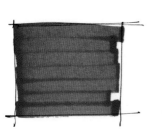

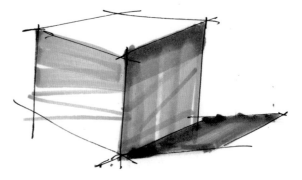

2.扫笔

快速有力，用于表现物体的反光阴影。可配合摆笔，以此来打破摆笔单调死板的笔触。

3.折线

也就是通俗意义上的平涂。可以同方向或多方向画出折线，速度一致，力度均匀，一气呵成，可以表现天空、树冠等大面积的物体。

4.点笔

由于马克笔笔头过宽，在描绘小型物体时，如花卉、草坪，可采用点涂方式处理，烘托画面的活跃气氛。

第14天 马克笔的着色训练

一 色彩的冷暖关系

一般色彩分为冷色调和暖色调两大类。以蓝色、蓝绿、蓝紫为主的冷色调，给人以强烈的清凉感，甚至让人感到冷漠；而以红、黄、橙为主的暖色调，则给人以兴奋、愉快、热烈的感觉，感官刺激比较大。而黄绿、绿为中性色，其冷暖感要视其所处的色彩环境来定，当它们与暖色搭配时有冷感，反之有暖感。而无色系中白色偏冷，黑色偏暖，灰色中性。过强的暖色或观看暖色的时间过长，会使人感到疲劳、烦躁和不舒服。因此在进行室内空间设计时，要把握好色彩的冷暖度。

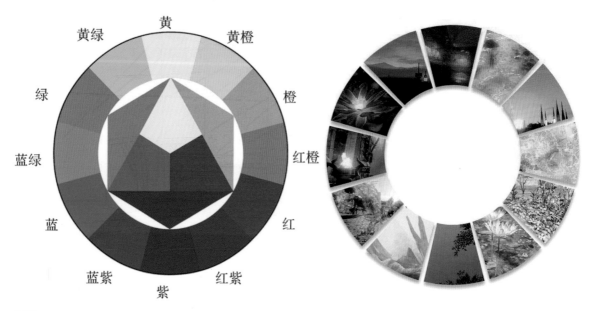

光影与体块的表现

光照在物体上，物体会吸收一部分色光，也会反射一部分色光，物体表面对不同波长光线的选择性反射、吸收形成了物体的不同颜色和明暗调子。物体受光、背光、反光和阴影的变化展现了物体的三维属性，即体量感。因此，这里所说的光影与体块指的就是物体的空间感、质感、立体感和色感。

1.空间感表现光影与体块

空间感的进深可通过以下两种方法来表现。

渐变法

空间关系可以通过线条的变化来表现，马克笔色彩的叠加渐变可以增强空间的进深感。可以由重到轻，即靠近绘画者的物体或空间用笔力度大，颜色覆盖层多，随之往后力度变小，颜色覆盖层减少，进而退晕出空间的层次。也可以由轻到重，与上述恰恰相反。

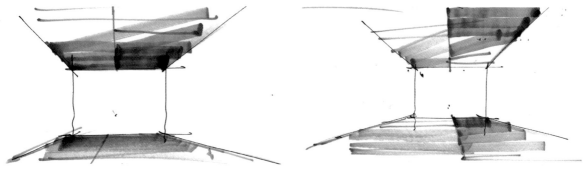

虚实法

空间是由物体的虚实变化产生的。确定画面大的基本色调后，根据主次关系、视觉中心重点表现，精心刻画，次要部位适当弱化，简单带过，虚实有别，张弛有度，自然会产生空间的层次感。

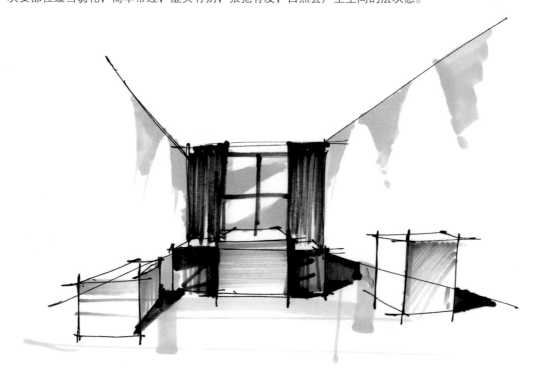

2.立体感表现光影与体块

　　立体感是造型艺术中非常重要的因素，通常可以理解为物体的体积感、层次感，在手绘中，立体感的表达直接决定了画面的丰富度，如果我们所画的物体扁平没有立体感，那便是一幅失败的作品。以下从两方面分享马克笔的运用技巧，从而增强物体的立体感表达。

笔触薄厚

　　单层颜色只是简单区分物体的明暗体块，不足以将其体块表达丰富。

　　如果我们以摆排的笔触先画出物体的第一遍颜色，再用同一色系的重颜色覆盖物体的暗部，那么物体的明暗对比便明显加强，而物体的明暗对比会直接影响其体块感，因此，物体的明暗对比强烈时，立体感更强，反之，立体感更弱。

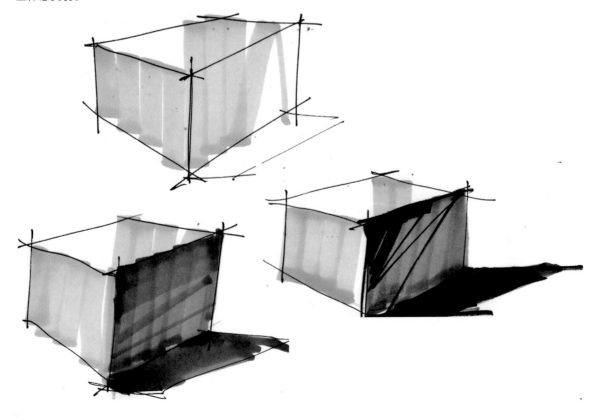

但应注意马克笔着色时, 颜色遍数不宜过多, 适当即可, 避免死板脏腻。

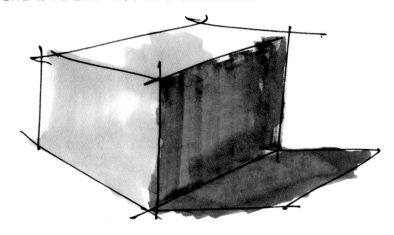

笔触疏密

　　密集的笔触会加强物体的体积感, 而疏散的笔触则会减弱其立体感。在表现光影与体块时, 要先掌控好物体的留白部分, 即物体的受光面和反光面, 避免初学者不留白而造成后期难以修改的情况。并用稀疏的细线表现物体的反光, 线与线之间留出空隙, 不宜太密, 这样不仅透气, 而且表现出了光影效果。最后强化阴影, 注意虚实渐变。笔触的疏密在这样的安排下, 光影效果和体块感自然就出来了。

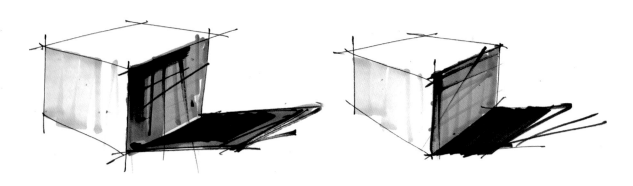

三 马克笔渐变与过渡

1.叠加法

　　在马克笔画完一遍颜色后适当覆盖第二遍颜色, 以增强物体的明暗变化。包含单色叠加和多色叠加两种。

单色叠加

　　同一色调的马克笔累积涂绘, 颜色更深, 但次数过多会导致画面浑浊、油腻。

多色叠加

　　多种颜色重叠后色彩之间发生了变化, 增强了画面的层次感。但也不宜叠加太多, 以防画面沉闷、呆滞。

2.干湿法

湿画法

根据色彩明度的不同，依次从亮到暗渐变。在马克笔第一遍颜色未干时，继续往上覆盖颜色。这种画法的笔触柔和，退晕效果良好，适宜表现柔软的物体。

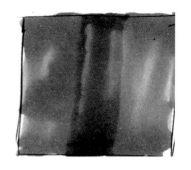

干画法

在马克笔第一遍颜色干透时，再附着颜色。这种画法的笔触明显，刚硬有力，适合表现规则物体的体量感。

干湿结合法

形体明朗的部位采用干画法，柔和部位采用湿画法，干湿结合，对比强烈，画面生动。

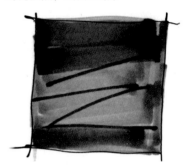

四 不同材质与空间的表达

富有视觉冲击力的效果表现图，实际是由各种材质和配景来丰富和点缀的。只有将它们刻画得准确到位，才能达到理想的画面效果，创建完美和谐的环境，再现场景空间的艺术效果。

1.石材表现

用马克笔先画出底色，趁颜色未干画出线条或点，突显石材的纹理。

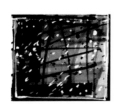

2.木材表现

　　木材具有天然的亲和力。木材种类繁多，如红木、花梨木、水曲木、枫木、橡木、胡桃木、斑马木等，同类木材的色泽和纹理也不尽相同。在具体表达时，先选择其固有色或相近色排列笔触以保证木材的本身色泽，在此基础上，用点绘或勾线的方式表现木纹的走向以提高物体的真实感。

3.玻璃类表现

　　玻璃不仅具有透明性，而且能对周围环境产生映照。这种特有的视觉装饰效果在表现时要用清透的颜色，用笔有力肯定，画些疏密得当的投影线条表示玻璃的平滑与硬朗，明度对比明显以表现强烈反光的质感。马克笔覆盖次数不宜过多，注意留白，并且配合其他相近的环境色，以便勾画出透过玻璃所看到的其他物体。

4.软质材料表现

地毯、窗帘、桌布、沙发等家居用品使得空间柔和自然，它们质地柔软，颜色丰富，画面可用马克笔配合彩铅进行表现，运用轻松、活泼的笔触表现柔软的质感，采用湿画法顺着物体的结构方向勾勒，与规则的硬材质形成对比，调节空间色彩与场所的气氛。

第15天 **马克笔绘制室内单体**

家具是以个体元素存在于建筑内部之中的，各种元素在空间中的组合形成了室内环境。因此，单体马克笔练习是初学者正确使用马克笔的基础，是画好整体空间必不可少的一个阶段。

一 椅子的上色技法

1.中式椅子上色

（1）绘制椅子的线稿。

（2）用马克笔画出椅子的固有色，注意椅子不同部位的相近固有色的区分。

（3）在大的固有色的基础上深化体块的区分，尤其是明暗转折面。加重暗部，并用马克笔细头刻画桌椅的结构细节。

（4）高光笔作为点缀，增强画面层次。

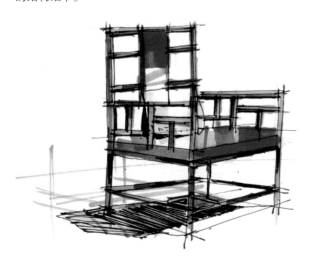

2.编织椅上色

（1）常规坐式椅子大体的比例和高度相似，如椅座高度一般为450~500mm，当然吧台椅、摇椅、躺椅等除外。

（2）编织椅的塑造要着眼于对体块与固有色的区分。无论什么时候，体块与结构对于室内手绘来说都是非常重要的。

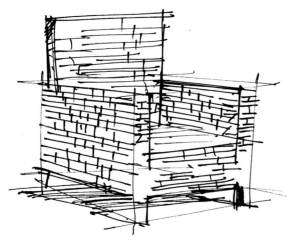
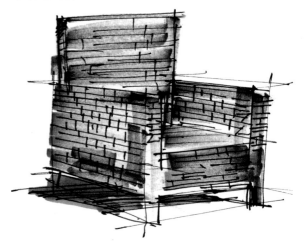

（3）用马克笔细头部分配合彩铅刻画编织的纹理走向，突显材质的肌理效果，注意秩序性与规律性，避免杂乱无章的画面。

（4）用涂改液画出高光或转折处，强调光影和画面效果。

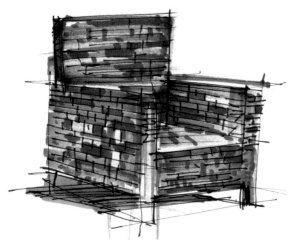

餐桌的上色技法

1.方形餐桌上色

（1）方形餐桌线稿绘制和椅子大致相同，都是先将其概括成几何形体，在此基础上深化结构细节。

（2）涂抹桌子的固有色，可用粗细不同的纵向马克笔来表现桌面的光影。

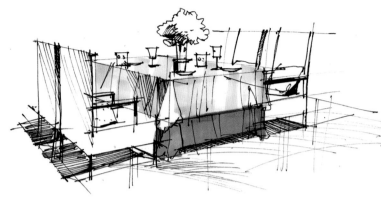

（3）深化体块和光影尤其是明暗转折面，并用纵向马克笔表现桌面反光。注意笔触的灵活运用。

（4）用马克笔细头刻画桌子的结构细节。

（5）用修改液在餐桌转折处提亮。

2.圆形餐桌上色

（1）准备好线稿，确保无误，开始上色。

（2）形体的颜色不要画得太"满"，特别是形体之间的用色，要有主次和区别，要敢于留白。

（3）对体块继续深化，并刻画桌面和桌角的细节。

（4）用涂改液在物体转折处进行强调，完善画面细节。

三 沙发的上色技法

1.单体沙发上色

（1）用针管笔勾出沙发的线稿。用马克笔铺开画面的主色调，受光处要注意留白，光晕要以退晕的方式来处理。

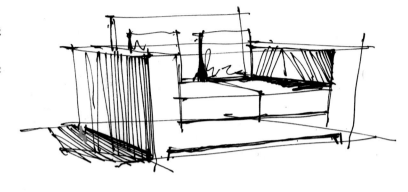

（2）用概况的方式表现沙发的体块，注意沙发及抱枕柔软质感的色彩表现。以色彩叠加的方式表现出光影变化，阴影部位也应带有丰富的明度变化。

（3）待马克笔颜色未干时，将彩铅排列于马克笔之上，疏密相结合，突出沙发的质感与层次感。

（4）用涂改液画出画面的转折部分，完成沙发的马克笔上色。

2.欧式沙发上色

（1）用勾线笔画出沙发的线稿。

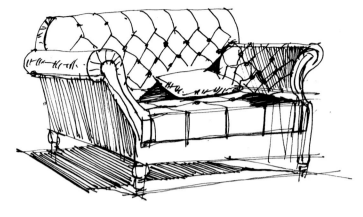

（2）分析沙发的整体色调，用马克笔给出沙发的固有色，然后简单区分明暗关系，注意留白。

（3）欧式沙发形体复杂，用马克笔表现时应注重对体块结构的表达，切不可陷入细节死抠的误区。运用不同的笔触，将较小面积的材料质感和结构细节表现出来，色彩重叠的次数不宜过多，可用彩色铅笔辅助调整。

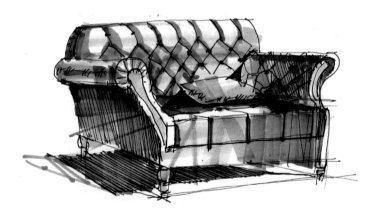

（4）调整画面的平衡度，用修改液在高光处和需要强调的部位点缀。

四 床体的上色技法

1.简约床体上色

（1）注意黑白线稿的透视关系，确保形体比例、结构准确无误，并考虑床体的留白部分。

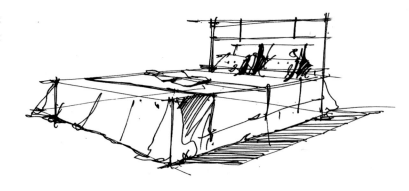

（2）上色时运笔自然，边画边收形，不要刻意追求笔触，把握床体的明暗关系。这里采用干画法将重复的颜色附着于床架暗部。暖灰色涂绘出床垫、靠垫的暗部，运笔要有变化，笔触顺着床单的走向，然后用同一色系的暖灰以湿画法的方式上色。注意层次感。

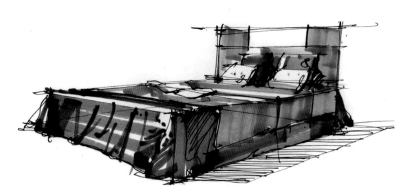

（3）用马克笔的细头勾勒出床单上的花纹，丰富画面效果。

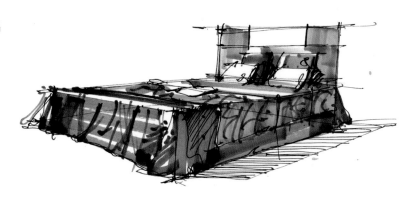

（4）平铺床体的阴影，并叠加重颜色来增加阴影的空间感。

2.欧式床体上色

（1）用墨线勾勒出欧式床体的线稿，也可将之前画好的线稿进行复印，开始上色。

（2）从固有色入手，用马克笔为床体上色。物体的阴影也适当着色，简单表现床的体积感。

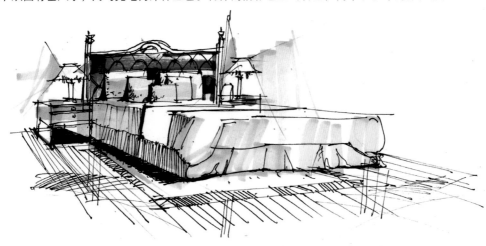

（3）固有色区分完之后再着眼于大的形体转折，用色不可杂乱，要用最少的颜色画出最丰富的效果。由浅入深、由薄到厚、先虚后实地加重暗部，并注意层次性和透气性。随后进行亮面层次的区分，表现出床体的明暗、光影和体块关系，注意笔触的灵活多变。

（4）用马克笔的细头刻画床体细节，如床靠边缘的花纹、抱枕、床单花纹等。

（5）用修改液在床体转折处画出高光，再次突显画面效果。

五 配饰的上色技法

1.各类灯具的着色练习

　　灯具着色时，可简单区分灯具形体的明暗关系，将重点放在光感表现上，而非灯具本身的细节部位。颜色种类不宜过多，可配合彩铅渲染光感。用色要概括，要有整体上色概念，笔触的走向应该统一。特别是用马克笔上色，应该注意笔触间的排列和秩序，以体现笔触本身的美感，不可画得凌乱无序。

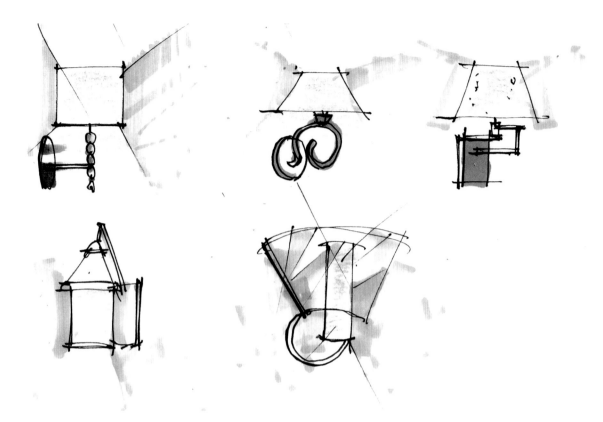

2.室内绿色植物的上色

　　绿色植物是活跃室内环境气氛的重要配景,分为近景绿植、中景绿植和远景绿植。近景植物相对细致,注意其造型和姿态,植物叶片的前后关系表现。远景绿植表现时可一带而过,用单线勾勒植物的整体轮廓,需与画面主体自然衔接。描绘植物的笔触应多方向排列,并注意枝叶的疏密层次、穿插转折、外轮廓的虚实错落,以及色彩深浅和色相变化,根据绿植叶冠的镂空预留出空隙。

3.挂画表现

挂画是室内立面的主要配饰品，在表达中式挂画时注意其结构，如卷轴、画面中心、吊线等。欧式或简约式挂画应把重点放在画框结构的内外镶嵌上。挂画内容用概况的颜色勾勒即可，不必死抠细节。

4.各种陈设品组合表现

在绘制之前要注意陈设品形体的遮挡与线条的穿插。注意细节的表现，如抱枕上的花纹，桌上的茶杯，地毯的毛边，玻璃的反光等，这些都需要逐一勾画出来。比例大小在画之前都要做到心里有数，这样画出的家具才会特点鲜明。另外非常重要的一点是，用笔要遵循形体的结构，这样才能够充分地表现出形体感。

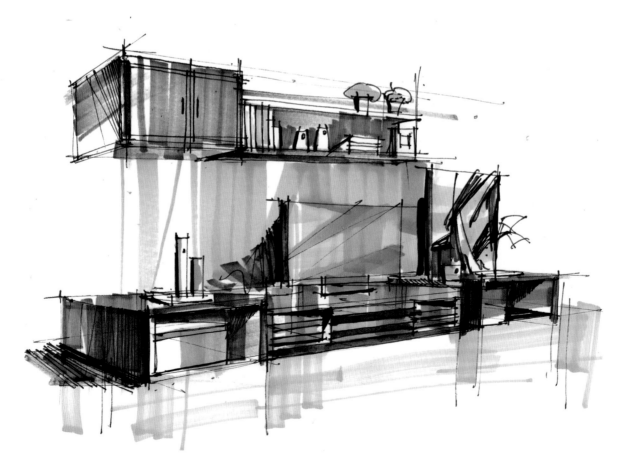

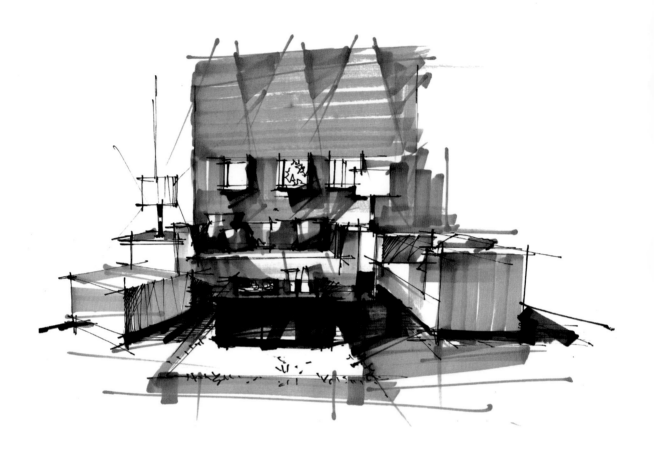

06

室内空间马克笔上色技法

SUN	MON	TUE	WED	THU	FRI	SAT
1	2	3	4	5	6	7
8	9	10	11	12	13	14
15	16	17	18	19	20	21

22	23	24	25	26	27	28

项目实践 «

第16天 室内家装空间表现

一 冷调客厅表现

（1）画出客厅的线稿，表现出明暗关系。

（2）上色时先铺上大的固有色，空间内的物体是什么颜色就画什么颜色，不用考虑过渡和转折。

用马克笔上色的时候用笔要快，力求准确，不要画到家具框以外，否则后期会很难处理，增加很多工作量。

墙如果是白色的话应用最浅的冷灰来画，同时把地面上的阴影部位用马克笔刻画出来。

100   247   102   169

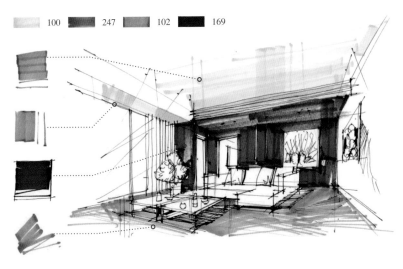

（3）用马克笔区分出家具大的体块关系，将家具的暗部处理成相对较重的颜色来做出层次。在画重的同时也要注意将色块的边缘处理整齐，尤其是深色家具与浅色家具的交界处一定要处理清楚，把它们明确分开，增加画面层次感。

247   35   868

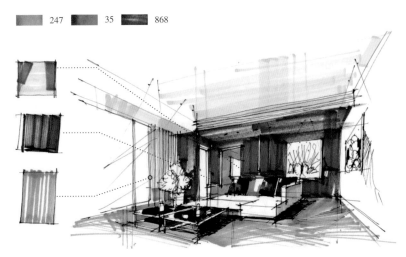

（4）用马克笔表现出空间中的光感与气氛。通常来说，客厅有两处主要光源，一处是吊灯的灯光，另一处是窗户天光，分别用浅灰画出两处光源的光晕。这两处光源必须都要刻画，只有这样才能使画面更加生动形象。

（5）将室内各部分进一步深化，如加强灯光气氛、墙体的渐变、家具的转折面及暗部阴影，然后将家具的边缘处理平整，使整体画面看上去更加干净清新，接着用彩铅在家具局部做些渐变，到此画面就可以结束了。

169　　WG9　　252　　170

二 暖调客厅表现

（1）绘制出客厅的空间线稿，交代清楚结构关系，并用线条简单地勾画出明暗关系。

（2）用马克笔画出空间的整体色调，主要表现出固有色。上色时用笔要快，力求准确，不要画到家具框架以外，要保证画面的干净整洁。白墙颜色最浅的位置用暖灰表现，其次要画出地面的阴影部位。

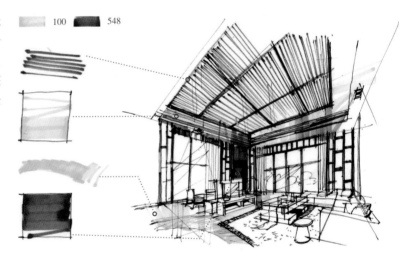

（3）用马克笔区分出家具大的块面，将家具的暗部压重做出层次。加重的同时也要注意将色块的边缘处理整齐，尤其是家具与家具的交界处一定要卡边，把茶几与沙发明确分开。

（4）做出大的光感与气氛，首先考虑主要光的来源。光的来源要具体分析，有的是吊灯，有的是射灯，有的是自然光等。无论是哪种光线，都要用马克笔将光晕突出并用彩铅做出渐变，有时候灯带也需要做出光晕效果，以此来增加画面层次和效果。

（5）深入刻画主要物体的材质与肌理。深入刻画室内的个别家具，使其更加突出，然后画出其他家具及细节部位，丰富画面内容。同时进一步深化主要光源的光感，加重处理家具的暗部及阴影部位。

三 卧室空间表现

（1）画出卧室空间的线稿。

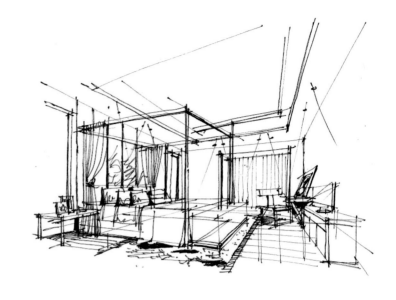

（2）画出卧室不同结构的固有色。

15	548	WG9	510	156

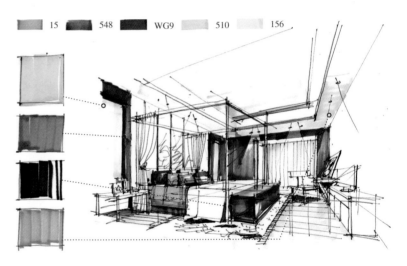

（3）区分不同家具之间大的体块关系，将家具的暗部压重做出层次。丰富床与周围墙体的体块关系。在这一步要把床作为主要物体来塑造，将画面分出主次。

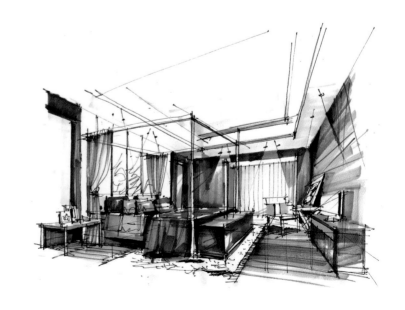

（4）画出卧室中光源的光晕，然后用淡黄彩铅加强光源的光感，并把不同光源之间的光晕拉开，分出光晕的主与次。

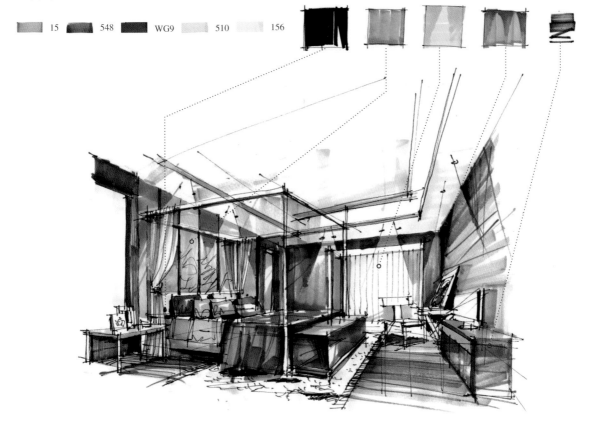

（5）用彩铅做出卧室屋顶的渐变，加强画面的光晕效果，然后用修正液画出吊顶上射灯的点光源，接着丰富主体床的层次，画面就可以结束了。

四 卫生间空间表现

（1）画出卫生间的空间线稿，注意各部分的材质关系。

（2）画出空间内物体的固有色，先不用考虑过渡和转折。

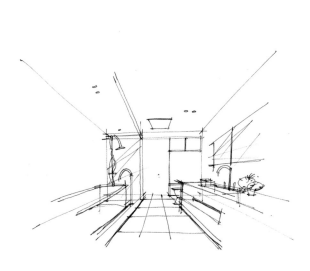

100   252

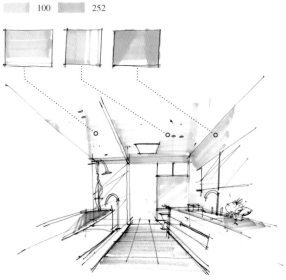

（3）区分洁具之间的体块关系，将洁具暗部压重做出层次，在加重的同时也要注意将色块的边缘处理整齐，尤其是深色物体与浅色物体的交界处一定要处理清楚，把它们明确分开。

（4）做出大的光感与气氛，调整画面各部分的进深关系，然后进一步丰富前方物体的形体关系，使其更加突出，拉大空间的进深，完成画面。

WG9   250   200   P36

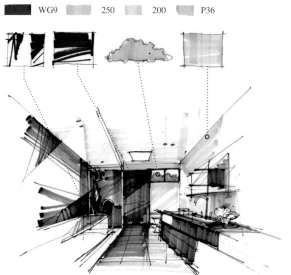

WG9   15   P21   P36

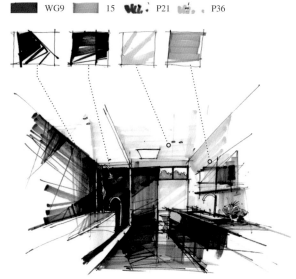

第17天 室内办公空间表现

一 会议室表现

（1）绘制出会议室空间的线稿。在这个过程中也可加少量明暗调子，衬托出空间关系。

（2）马克笔着色时应先整体着色，初次着色的基本原则是由浅到深，先用马克笔画出会议室空间各部分的固有色。

	113		247		WG1

特别注意马克笔上色时的用笔速度一定要快，力求准确。

（3）用马克笔画出空间画面的基本明暗关系，然后以用笔方向的不同或深浅颜色的不同区分出形体之间的转折关系，同时将地面的材质表现出来。

▬ 858	▬ 247	▬ 195

（4）画出会议室空间大的光感与空间氛围。会议室的灯光偏暖，因此要考虑色光所选用的马克笔笔号不再是通常的冷色而是暖色，同时光感的氛围主要体现在顶灯的光晕及会议桌的反光上。

▬ 858	▬ WG5	▬ CG6

（5）用修正液表现出顶灯的光源，然后用冷色调的马克笔画出背光处的阴影部分。由后向前加强地面空间的进深，接着将画面中一些画得不到位的地方进行调整，完成画面。

综合办公室表现

（1）较会议室来说，综合办公室空间构造比较复杂，组成空间的元素比较多。我们首先绘制出综合办公室空间的线稿。在这个过程中也可加少量明暗调子，衬托出空间关系。

（2）着色时应注意先整体着色。着色的基本原则是由浅入深，先用马克笔画出综合办公室空间各部分的固有色。注意用马克笔上色的时候用笔要快，力求准确。

113　　WG1　　667　　47

（3）用马克笔画出综合办公室空间的基本明暗关系，区分办公家具形体之间的转折关系。注意要做到具体问题具体分析，同时将地面的材质表现出来。

113　　667　　35　　21

（4）画出综合办公室空间中主要办公家具的材质与肌理，加重地面的反光效果处理。

667　　WG1　　CG6　　856

（5）在办公家具结构转折线及边缘处画出高光，强调办公家具边缘，加强办公家具之间的对比。

（6）用修正液表现出光源及高光部位，然后用深色马克笔表现出物体在背光处的阴影，接着用彩铅对马克笔刻画不到的地方进行刻画，最后将画面中一些画得不到位的地方进行调整，完成画面。

第18天 **室内商业空间表现**

一 售楼处表现

（1）绘制出商业空间的线稿，勾线时通常从主体着手，先近后远，避免不同的物体轮廓交叉，用笔尽量流畅，一气呵成，切忌对线条反复临摹。

（2）整体着色，着色的基本原则是由浅到深，先用马克笔画出售楼处空间各部分的固有色。注意用马克笔上色的时候用笔要快，力求准确。

WG1   15   159

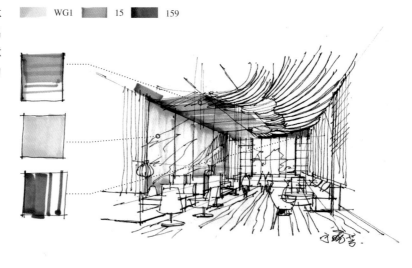

（3）用马克笔画出基本的明暗关系，区分出形体之间的转折关系，注意材质的质感特点。

548   102   170   520

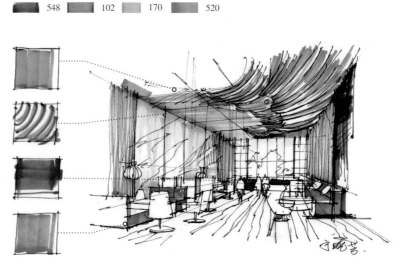

（4）进一步完善画面色彩细节表现。做出大的光感与空间氛围，光感氛围主要体现在吊灯的光晕表现上。

170　　　520　　　WG1　　　159

（5）画出主要物体的材质与肌理，加重地面的反光处理。

（6）在物体结构转折线及边缘处画出高光，强调物体边缘，加强对比。

（7）用修正液表现出吊灯的光源，然后整体调整画面细节。

酒店大堂表现

（1）绘制出售楼处的空间线稿。

（2）进行整体着色，用马克笔画出售楼处空间各部分的固有色，注意用笔的速度和由浅到深的着色顺序。

WG1 ▢ 856 ▢ 247 ▢

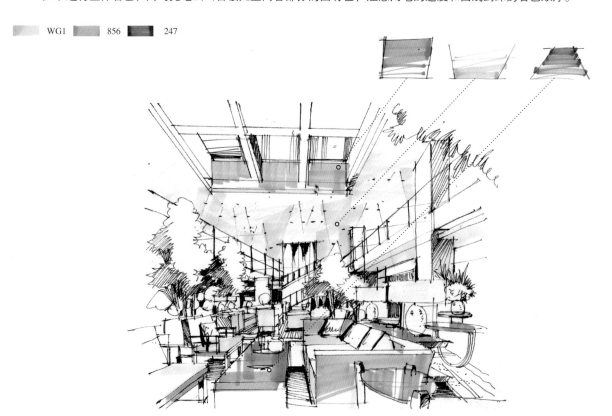

（3）用马克笔画出大堂空间的基本明暗关系，区分出物体之间的转折关系，同时将地面的材质效果及反光效果表现出来。

CG6　　118

（4）画出洽谈区桌子及座椅的材质与肌理，细致刻画招待区域，加强对大堂空间地面的反光处理。

858　　WG5　　115　　109　　510

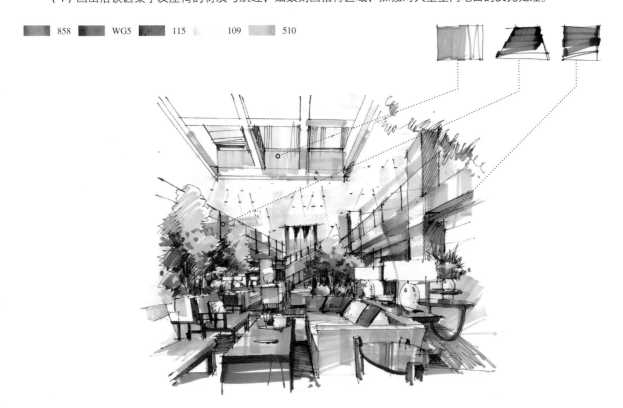

（5）用修正液表现出室内光线的感觉，然后用彩铅进行画面的修补，接着对画面细节进行整体调整，完成画面。

第19天 **餐饮娱乐空间表现**

一 餐厅空间表现

（1）绘制出餐厅空间的线稿。

（2）对餐厅进行整体着色，快速画出各个部分的固有色。

667 　WG1 　247 　154

（3）用马克笔画出玻璃的基本色彩和地面的材质特征，并绘制出基本的阴影关系。

247 　WG5 　CG6 　156

（4）用马克笔画出餐厅空间中大的光感氛围，光感氛围主要体现在吊灯的光晕表现上。注意任何的深色部分都不能是一片死黑。

154 　92 　WG5 　CG6

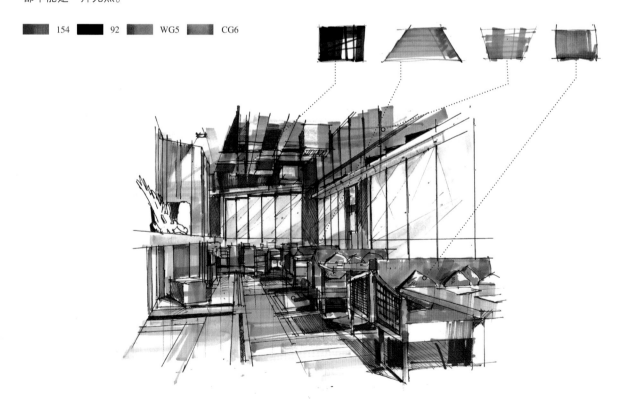

（5）整体调整画面，加强明暗对比和整体的色彩关系，完成画面。

二 酒吧空间表现

（1）绘制出酒吧空间的线稿。

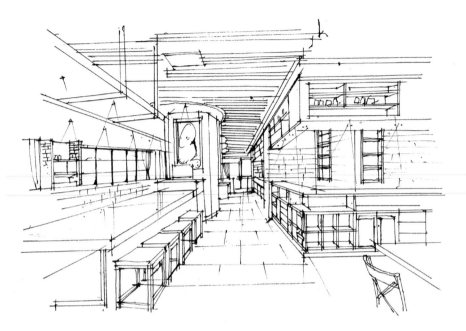

（2）对酒吧空间进行整体着色，着色的基本原则是由浅到深，先用马克笔画出酒吧空间各部分的固有色，注意用马克笔上色的时候用笔要快，力求准确。

247　　96　　156　　219

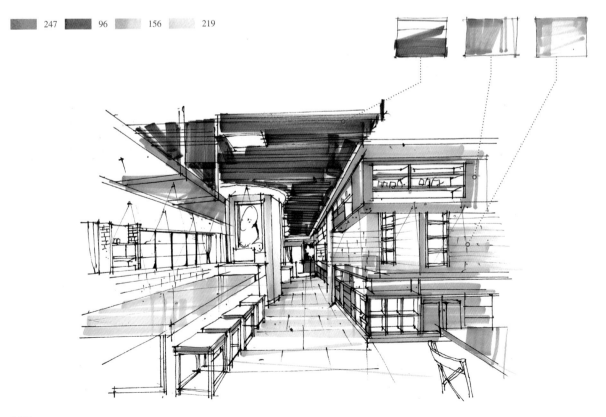

（3）用马克笔画出酒吧空间基本的明暗关系，区分出形体之间的转折关系。这一阶段的重点是突出酒柜及吧台的刻画，同时将地面的材质表现出来。

115　113　247　35　WG9

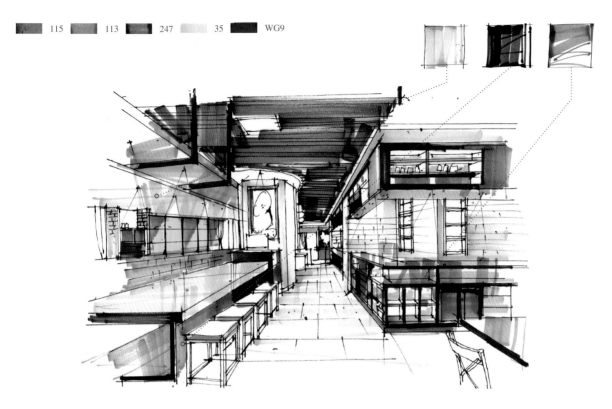

（4）做出酒吧空间大的光感与空间氛围，光感氛围主要体现在射灯的光晕方面。

548　92　156　WG9　159

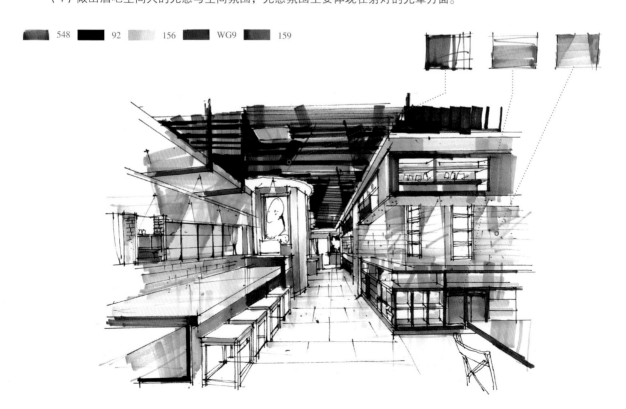

（5）对酒柜和吧台的材质与肌理进行深入刻画，然后对酒吧空间中的座椅及其纹理进行刻画，接着加重地面的反光处理。

WG9　159　247　15

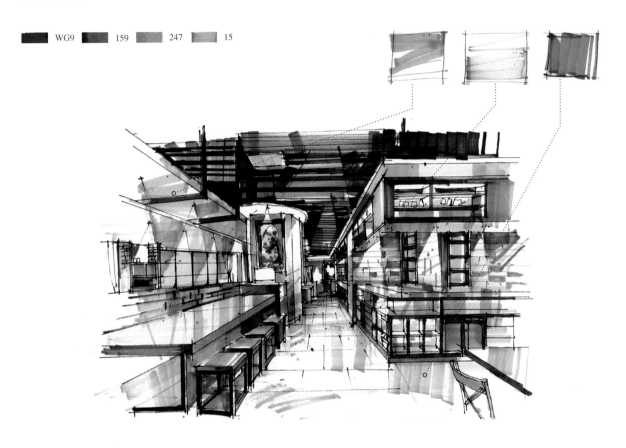

（6）对射灯的光源及光源线进行刻画，然后用彩铅修补画面中的不足，加强地面空间的进深，完成画面。

07
平面图和立面图手绘表现技法

SUN	MON	TUE	WED	THU	FRI	SAT
~~1~~	~~2~~	~~3~~	~~4~~	~~5~~	~~6~~	~~7~~
~~8~~	~~9~~	~~10~~	~~11~~	~~12~~	~~13~~	~~14~~
~~15~~	~~16~~	~~17~~	~~18~~	~~19~~	20	21
22	23	24	25	26	27	28

🕐 项目实践　　　　　　　　　　　　　　　　　　　　　　　　　　　　　《

第20天 平面图和立面图的绘图规范

在室内设计方案中，尤其是平面图和立面图的设计对项目质量的影响很大，它始终贯穿于设计的进程之中。虽然不能完全表现空间的透视关系，但是它所传达出来的信息是多方面的，如空间功能之间的关系，空间的交通流线是否合理，家具的布置如何等，对整个方案或施工图有着指导和说明的作用。因此，要强化平面图和立面图的绘图规范，使总平面图无论在规范、设计、制图、美观等各方面都能达到令人满意的效果，从而推动方案的顺利实施。

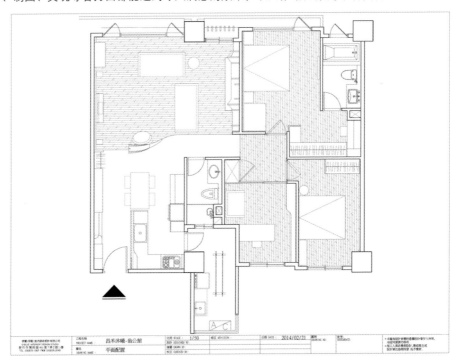

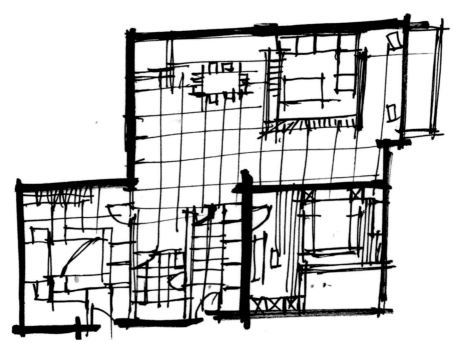

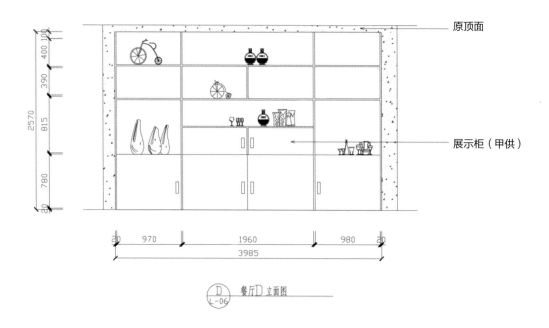

原顶面

展示柜（甲供）

D L-06　餐厅D 立面图

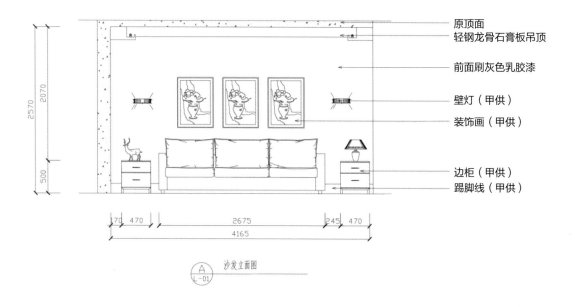

原顶面
轻钢龙骨石膏板吊顶
前面刷灰色乳胶漆

壁灯（甲供）
装饰画（甲供）

边柜（甲供）
踢脚线（甲供）

A L-01　沙发立面图

一 平面图绘制规范

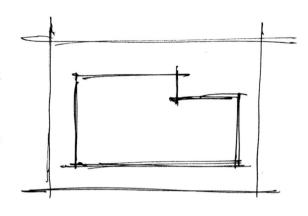

在室内设计实际案例中，平面图应含有以下几个要素：构图、比例、空间布局、家具布置、光影、色调、索引及标示。

首先，平面图在纸张上的构图大小决定了其比例关系，二者相互影响，不可分割。

其次，空间布局即动线所连接的各功能分区的合理性，这会直接影响设计的使用效果。家具布置具有组合空间与分隔空间的特点，因此，家具布置可作为室内空间布局的处理手法。家具的刻画会丰富画面的视觉效果，可适当深入细节，尤其是材质表现，避免平淡单调之感。

再次，为突显立体效果和空间关系，平面图绘制不可忽略物体的投影，投影可衬托物体，使二维平面看起来有三维空间的高度，因此，需确定光源及光影。线条的轻重和粗细也会影响空间关系，如墙体和家具外轮廓需采用硬朗的实线，底板和家具细节线条可用轻一些的细线，区分主次，丰富画面的层次感。

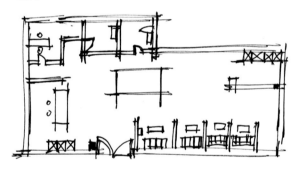

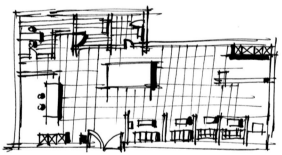

另外，平面图地绘制应从大角度、大体快出发，不必花过多时间在细节上。确定平面图整体色调的冷暖和色相的偏差，避免杂乱无序。

最后，要为平面图做出索引及标示，包括指北针、设计图名称、图形比例、平面图尺寸标注、建筑轴线标注和各个材质说明。

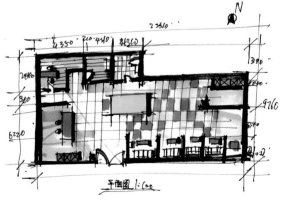

总之，平面图绘制所列的内容都应该合理表达，以便提供完整的设计方案。

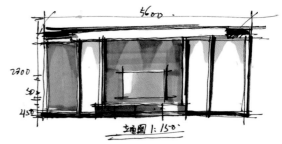

二 立面图绘制规范

立面图与平面图的目的一样，都是传达设计师的设计立意，是室内设计表达图样之一。它主要反映室内家具造型、材质运用和色彩搭配，与平面图结合后可以使设计项目得以精准施工。

立面图应与平面图结合，依据平面布置和索引来绘制立面图，切忌脱离平面而单独存在。绘制立面图的规范与平面图基本相似，但与平面图不同的是，立面图不仅标注尺寸，还需标高，即建筑物和家具外部的高度尺寸，方便施工人员从整体上了解建筑和家具的构造。

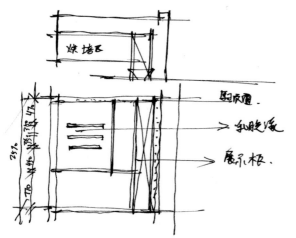

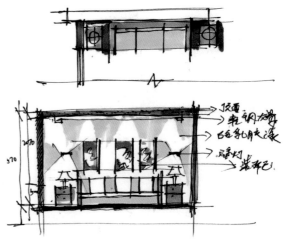

第21天 平面图和立面图的基本画法

一 平面图的基本画法

1.案例一

（1）构图。先在纸张上大概勾勒出平面图的大小，确定平面图的比例。注意，比例和尺寸一定要精准。

（2）平面框架绘制。确定建筑墙体厚度，按照比例用实线画出平面图框架，注意窗户和门的表达。可借助直尺和比例尺等辅助工具制图。

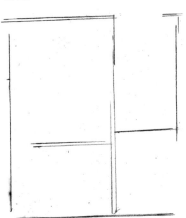

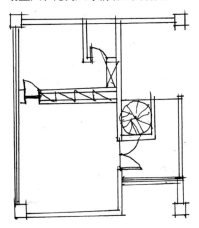

（3）家具绘制。在画好的平面墙体布局内，依旧按照比例用硬朗的线条勾画家具平面图的外轮廓，即家具的顶视图。在已经画好的家具轮廓中，用轻一些的线条勾画家具细节，如床单的褶皱、沙发的图案等，区分于家具的轮廓线。

（4）上色。首先确定光源和投影位置，再用马克笔配合彩铅对已画完的平面图线稿上色。确定平面图的基本色调，然后用冷灰系列中的重颜色平涂墙体，留出门窗，接着用马克笔画出地面和家具的颜色，注意留白和渐变，并画出每个家具的投影，需考虑光源方向。此阶段可配合彩色铅笔来调整画面色调，渲染平面图气氛。最后用修改液点出高光，完成上色。

（5）标注。完善颜色后，标注尺寸、设计图名称、比例、指北针、材质说明、功能区等，并调整画面，完成平面图绘制。

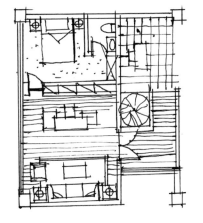

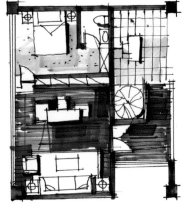

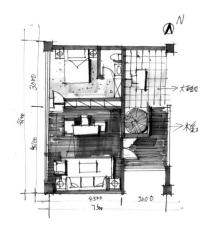

2.案例二

（1）构图。先在纸张上大概勾勒出平面图的大小，从而确定平面图的比例和尺寸。

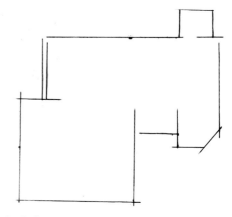

（2）平面框架绘制。确定建筑墙体厚度，按照比例用实线画出平面图框架，注意窗户和门的表达。可借助直尺和比例尺等辅助工具制图。

（3）家具绘制。在画好的平面墙体布局内，按照比例用硬朗的线条勾画家具平面图的外轮廓，即家具的顶视图。在已经画好的家具轮廓中，用轻一些的线条勾画家具细节，如床单的褶皱、沙发的图案等，区分于家具轮廓线。

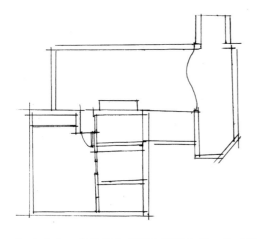

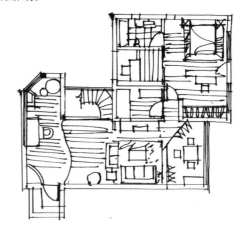

（4）上色。首先确定光源和投影位置，然后用马克笔配合彩铅对已画完的平面图线稿上色。确定平面图的基本色调，然后用冷灰系列中的重颜色平涂墙体，留出门窗。接着用马克笔画出地面和家具的颜色，注意留白和渐变，并画出每个家具的投影，需考虑光源方向。

（5）标注。完善颜色后，标注尺寸、设计图名称、比例、指北针、材质说明、功能区等，并调整画面，完成平面图绘制。

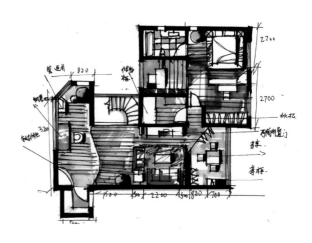

3.平面案例赏析

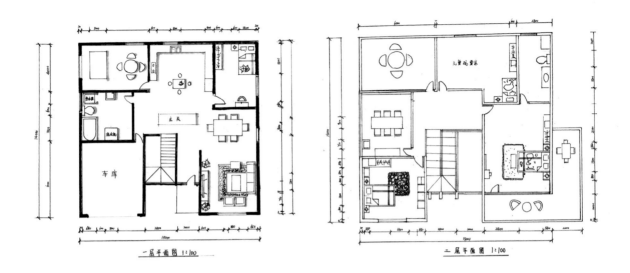

一层平面图 1:100   二层平面图 1:100

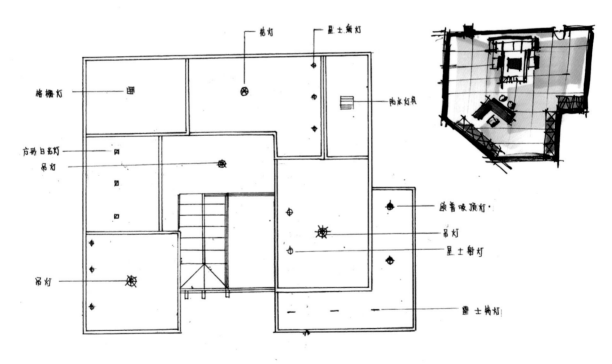

二层顶面布置图 1:100

立面图的基本画法

1.案例一

（1）构图。在纸张上简单画出立面图的宽和高，从而确定立面图的比例，比例越小，立面图在纸上所占面积就越大，反之亦然。

（2）墙体绘制。根据平面图的索引，确定所画立面图方向，按照其比例用实线绘制建筑墙体总高度，注意墙体、楼板和吊顶的表达。

（3）家具绘制。结合平面图的家具布置，用硬朗的线条勾画家具立面造型，即家的正视图。然后用快速流畅的线条勾画家具细节。

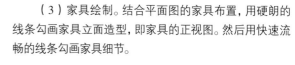

（4）上色。同样，用冷灰系列的重颜色平涂墙体和楼板。家具上色时注意留白，保证颜色轻薄透气。

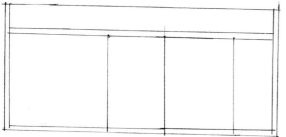

（5）标注。颜色完善后，标注立面图名称、标高、尺寸、比例、材质说明等，标注方式可依据需要灵活应用。调整画面，完成立面图绘制。

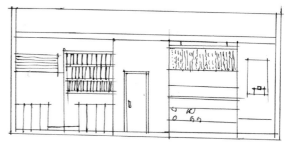

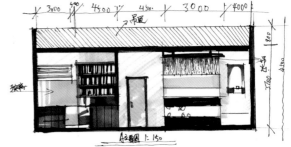

2.案例二

（1）构图。在纸张上简单画出立面图的宽和高，从而确定立面图的比例，比例越小，立面图在纸上所占面积越大，反之亦然。

（2）墙体绘制。根据平面图的索引，确定所画立面图方向，然后按照其比例用实线绘制建筑墙体总高度。注意墙体、楼板和吊顶的表达。

（3）家具绘制。结合平面图的家具布置，用硬朗的线条勾画家具立面造型，即家具的正视图。然后用快速流畅的线条勾画家具细节。

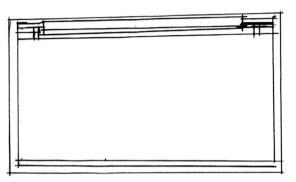

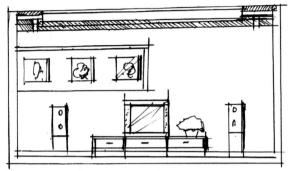

（4）上色。同样，用冷灰系列的重颜色平涂墙体和楼板。家具上色时注意留白，保证颜色轻薄透气。

（5）标注。颜色完善后，标注立面图名称、标高、尺寸、比例、材质说明等，标注方式可依据需要灵活应用。调整画面，完成立面图绘制。

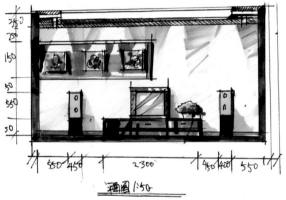

3.立面案例赏析

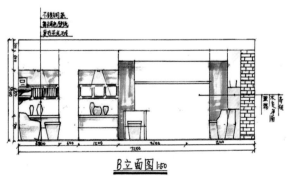

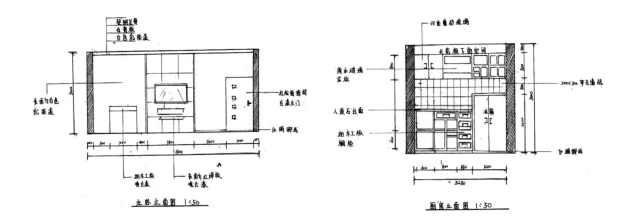

第22天 不同平面图例表达

一 室内家具等图例表达

1.门

门一般包括平开门、子母门、折叠门、推拉门、旋转门这几类。门又有单扇门和多扇门之分。普通单扇门的宽度一般为800~1000mm，厚度一般为30mm。

门一般用扇形或三角形两种方式来表达。应标明门宽、门厚和门开方向。

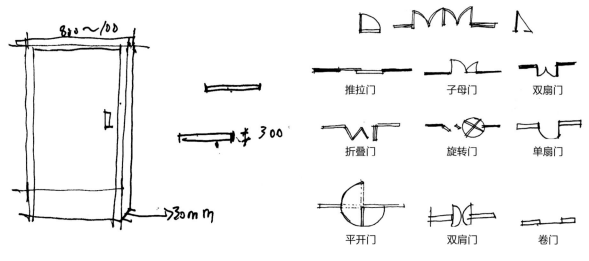

推拉门　　　　　子母门　　　　　双扇门

折叠门　　　　　旋转门　　　　　单扇门

平开门　　　　　双肩门　　　　　卷门

2.窗

窗户一般用细实线表示，中间再加两道线表示玻璃。而飘窗与墙体不在同一线上，应按照具体形状单独表现，依然是4根线。

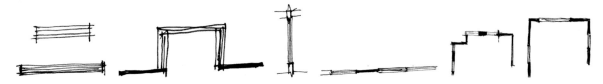

3.楼梯

楼梯深度一般为300mm，宽度依据实际尺寸而定。

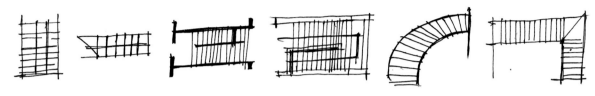

4.沙发

根据沙发尺寸，可分为单人沙发、双人沙发和多人沙发。在平面图中，沙发的深度一般为850~900mm，单人沙发长度为800~950mm，双人沙发长度为1200~1500mm，多人沙发长度一般在2500mm以内。沙发顶视图一般用方形来表示，应画出扶手、靠背和抱枕。

依据沙发外观造型的不同，可分为一字形沙发、L形沙发、弧形（异形）沙发等种类，这些需根据沙发的具体形态和尺寸来画。

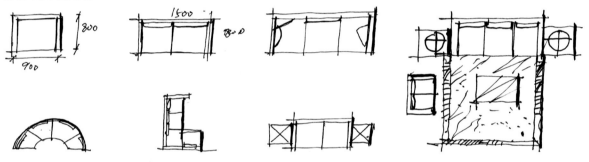

5.床

床的长度一般为2000mm，单人床的宽度为900~1200mm，双人床的宽度为1500~1800mm。在画床的顶视图时，可用细线勾勒出床单的褶皱、折叠。为突出效果，应完善枕头、抱枕、地毯、床头柜、床头灯等陈设品。

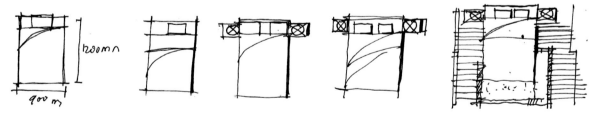

6.灯具

灯具包含台灯、地灯、筒灯、射灯、艺术灯、栅格灯、吊灯、轨道灯、石英灯、吸顶灯、防雾灯、安全灯等。这些灯的表示在平面图或顶棚图中的表达都不一样，在标画灯具时，注意灯具之间的距离，还需在顶棚图或平面图旁边做一个灯具说明表，为施工方或甲方提供详细说明。

| 筒灯 | 吸顶灯 | 石英灯 | 壁灯 | 荧光管灯 | 艺术灯 | 射灯 | 危险灯 | 聚光灯 | 台灯 | 地灯 |

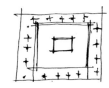

7.柜子

柜子中间画叉表示该柜子需要做到顶，如厨房的吊柜；矮柜表示方法是打一条对脚斜线，如衣柜；画虚线的柜子表示柜子上面有东西，从顶视图上看不到。

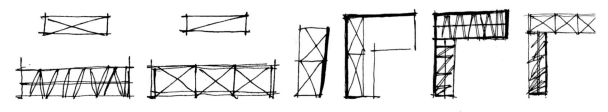

二 铺装图例表达

1.地砖

地砖在室内铺装中使用得最为广泛，目前市面上经常使用的方形地砖的规格主要有：300mm×300mm、330mm×330mm、400mm×400mm、600mm×600mm、800mm×800mm、1000mm×1000mm、1200mm×600mm、1200mm×1200mm。由于卫生间和厨房的面积较小，一般使用300mm×300mm的地砖。反之，类似于商场、餐厅、写字楼等面积较大的公共空间一般采用1000mm×1000mm、1200mm×600mm、1200mm×1200mm。无论是家居空间还是公共空间，最常使用的地砖规格一般是600mm×600mm、800mm×800mm。

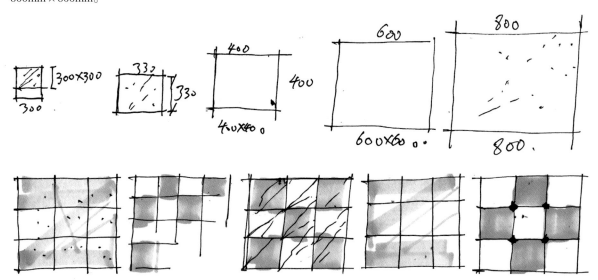

2.木质地板

实木UV淋漆地板一般规格有：450mm×60mm、750mm×60mm、750mm×90mm、900mm×90mm等。实木复合地板规格一般有：1802mm×303mm、1802mm×150mm、1200mm×150mm以及800mm×20mm等。强化木地板规格较为统一，一般都是1200mm×90mm。

木地板着色时应注意亮部留白和暗部的透气性，避免陷入浑浊、脏腻的误区。

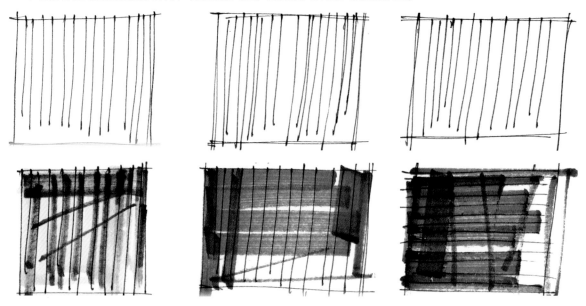

标注图例表达

1.图名称和比例标注

在已画好的平面图下方需标明该图纸的名称和比例。比例一般为整数，并附两根下画线。上方下画线较细，为0.1~0.3mm；下方下画线较粗，为0.4~1.0mm。

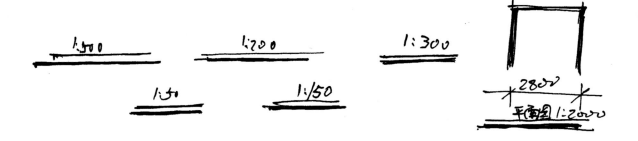

2.指北针标注

指北针的标注方式多样，能说明方向即可。

3.尺寸标注

平面图需标明小尺寸和大尺寸。当尺寸线较密、地方太小而不能标数字时，可用折线引出来，数字标在折线上方。

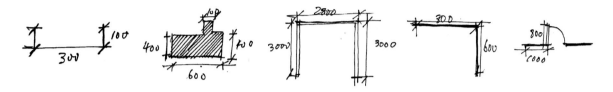

4.立面索引标注

立面索引是为接下来的立面图的具体方向起到指引的作用，标注样式不一。

索引注图   引出线   粗线表示剖视方向

㊃ 平面图举例

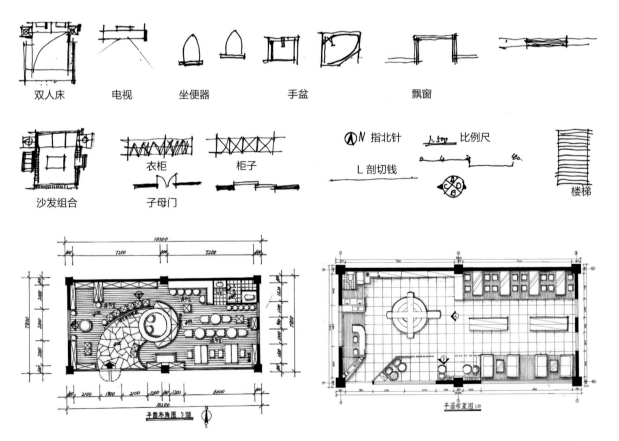

双人床   电视   坐便器   手盆   飘窗

衣柜   柜子   N 指北针   比例尺

沙发组合   子母门   L 剖切线   楼梯

平面布置图 1:100

平面布置图

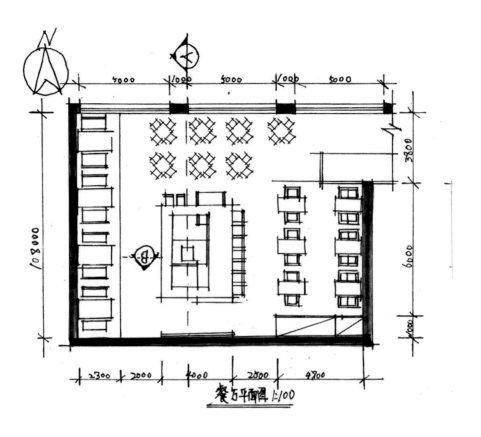

餐厅平面图 1:100

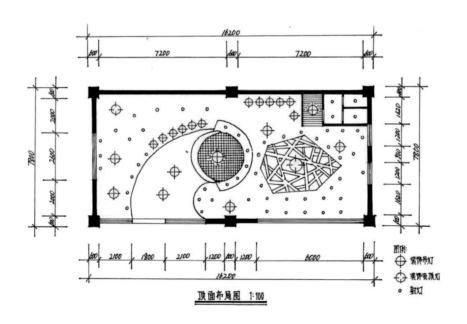

顶面布局图 1:100

图例:
⊕ 装饰吊灯
⊖ 装饰吸顶灯
o 射灯

08

根据平面图和立面图生成透视空间

SUN	MON	TUE	WED	THU	FRI	SAT
~~1~~	~~2~~	~~3~~	~~4~~	~~5~~	~~6~~	~~7~~
~~8~~	~~9~~	~~10~~	~~11~~	~~12~~	~~13~~	~~14~~
~~15~~	~~16~~	~~17~~	~~18~~	~~19~~	~~20~~	~~21~~
~~22~~	23	24	25	26	27	28

🕐 项目实践 ≫

第23天 平面图生成立面图的基本原理与方法

在设计方案中，将平面图生成立面图是非常重要的一个步骤，因为很多时候客户会认为平面图不能够很好地将设计细节反映出来，只能看懂大体的布局。所以设计师会绘制一些立面图呈现给客户，以便让客户更好地理解设计方案的细节部分。那么如何将平面图生成立面图呢？在平面图生成立面图的同时，我们又需要注意哪些常见的问题呢？

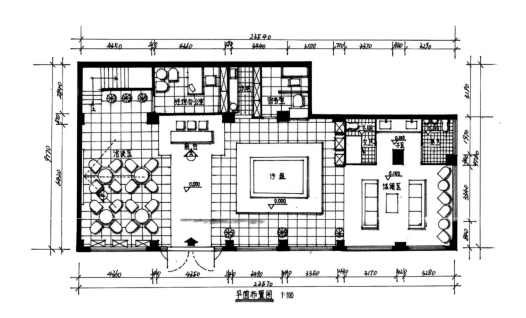

将平面图生成立面图，简单的理解就是把空间里本来"躺着"的物体给立起来，呈现出更多的设计细节和表现出设计对象的立体感。

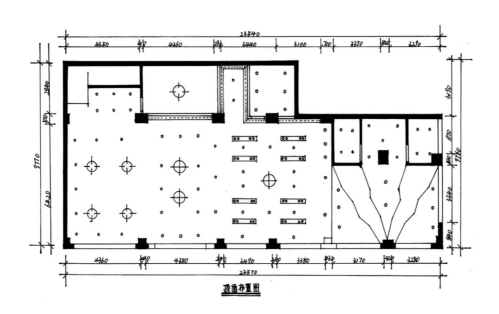

顶面布置图

案例一

（1）在纸张上按比例大小画出整体的大框架。

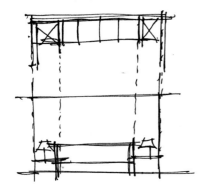

（2）画出立面图上楼板的厚度及踢脚线的高度。

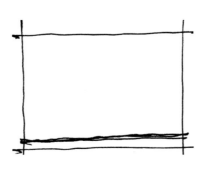

（3）画出立面图上吊顶的部位，厚度大小根据实际案例确定。

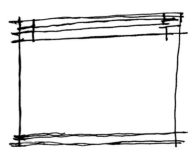

（4）把具体家具按照比例尺换算出来并画出。

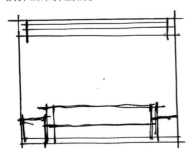

（5）对家具的具体造型进行塑造及细节刻画。

（6）补充不足之处，深入刻画细节部位。

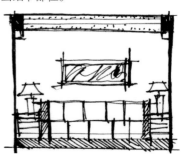

案例二

（1）在纸张上按比例的大小画出整体的大框架。

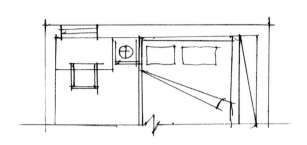

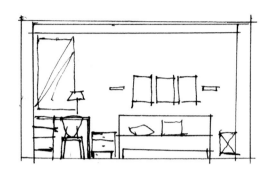

（2）画出立面图上楼板的厚度及踢脚线的高度。

（3）画出立面图上吊顶的部位，厚度大小根据实际案例确定。

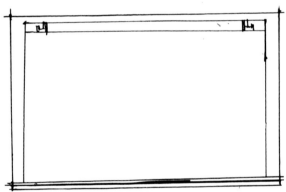

（4）将家具按照比例尺换算出来并画出。

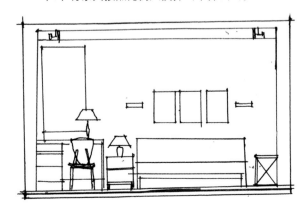

（5）对家具的具体造型进行塑造及细节刻画。

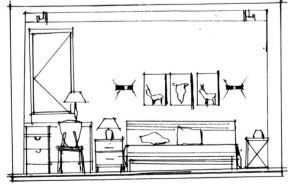

（6）补充不足之处，深入刻画细节部位。并进行标注说明。

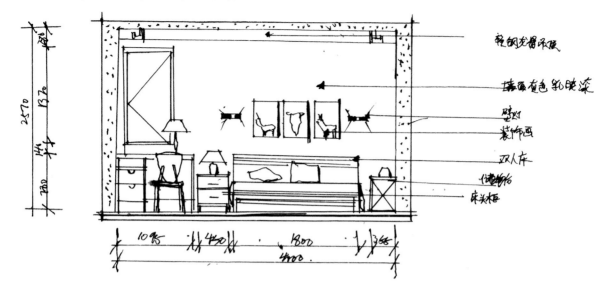

以上是平面图生成立面图的具体步骤，在绘制这些步骤时设计师往往容易忽略以下几点。

第1点：物体的实际尺寸与平面图物体的比例大小之间的变化。

第2点：房高的尺寸大小。

第3点：室内物体高度大小及材质纹理的表现。

第4点：对物体及材质的特殊说明文字。

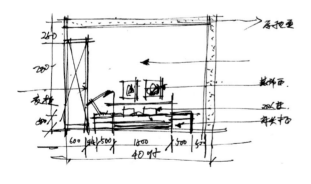

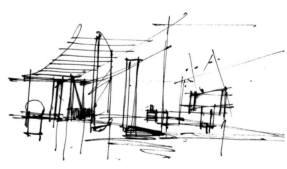

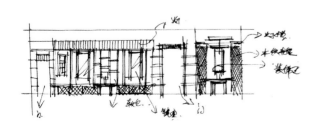

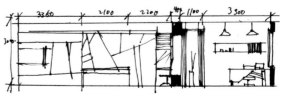

第24天 平面图转换空间透视效果图

在平面方案的基础上，需要通过效果图来更加直观地表达空间的效果。通过这一阶段，设计师能够更直观、更方便地与甲方进行设计方案的沟通，同时又能通过更直观的效果图来查找设计中的不足之处。其次，通过设计草图的绘制，能快速直观地感受空间尺度与设计效果，以便更完整地呈现出最终的效果图。

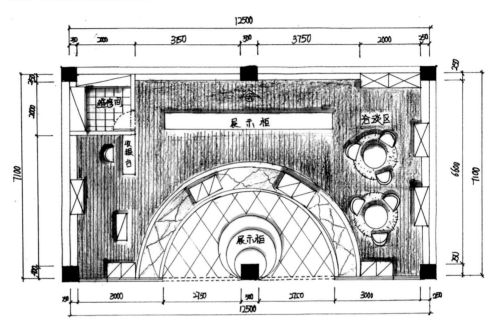

平面图转换一点透视空间效果图

1.一点透视客厅练习

根据客厅平面图，绘制一点透视客厅表现图。将平面图放置在单元格为1m×1m的网格之中。

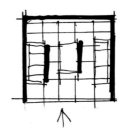

（1）在纸面下方的1/3处画视平线，并在视平线的中心位置确定灭点。

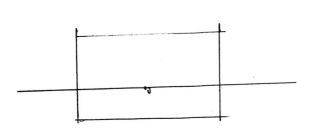

（2）除去吊顶的高度，把房高定为2.5m，以0.5m作为单位长度，视平面以下留1m的高度，以上留1.5m的高度，注意垂线不要画得太长，否则构图会偏大。

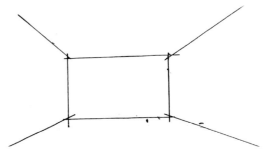

（3）根据平面图画出家具的投影。

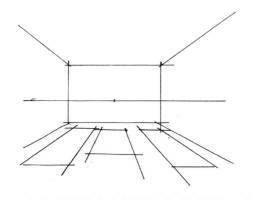

（4）根据室内家具的高度，在家具平面的各端点上依次画出它们的垂直高度。

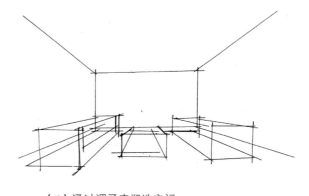

（5）用墨线画出各个家具的细节,注意透视关系。

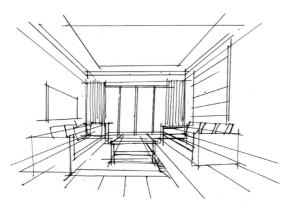

（6）通过调子来塑造空间。

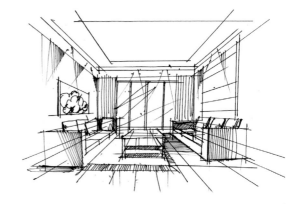

2.一点透视卧室练习

根据卧室平面图，绘制一点透视卧室表现图。

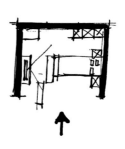

（1）根据平面图定好基准面和4条墙线，基准面的位置在画面的1/2偏下。

（2）在定好基准面的前提下，根据平面图的位置关系定好所有家具的地面投影。

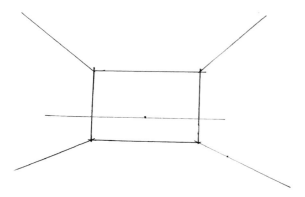

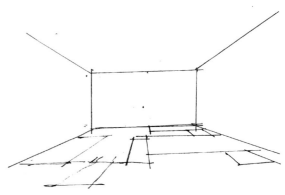

（3）定好投影之后根据人机工程学的原理，把所有家具的高度画出来。

（4）深化家具结构，并利用一些调子来增强画面效果。

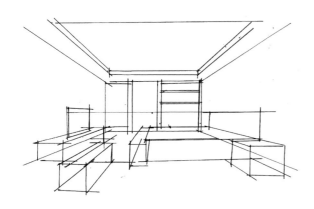

 ## 平面图转换一点斜透视空间效果图

1.一点斜透视简单空间练习

根据卧室平面图，绘制一点斜透视室内表现图。将平面图放置在单元格为1m×1m的网格之中。

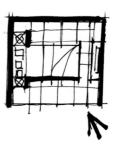

（1）在纸面下方的1/2处画视平线，在纸张内靠右侧1/3纸宽的视平线上确定灭点。

（2）除去吊顶的高度，把房高定为2.4m，以1m作为单位长度，视平面以下留1m的高度，以上留1.4m的高度。

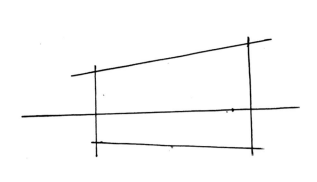

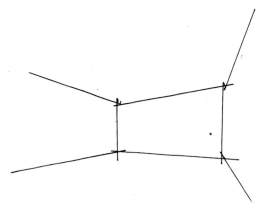

（3）根据平面图画出家具的投影。

（4）根据室内家具的高度，在家具平面的各端点上依次画出它们的垂直高度。

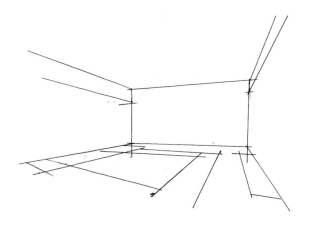

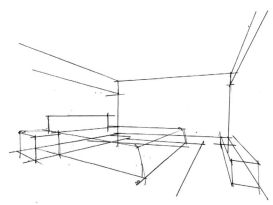

（5）用墨线画出各个家具的细节，注意透视关系。

（6）调整画面，通过明暗调子增强画面效果。

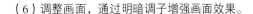

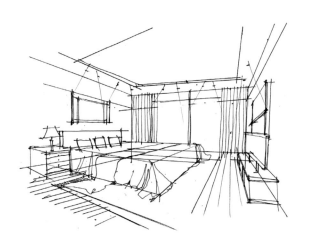

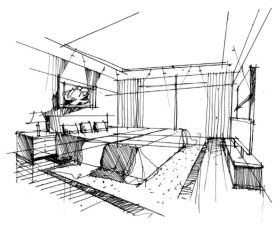

2.一点斜透视卧室练习

根据卧室平面图，绘制一点斜透视室内表现图。

（1）根据平面图定好基准面，基准面的位置在画面的1/2偏下。

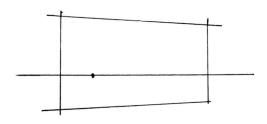

（2）连接灭点把整体空间的4条墙线画出来。

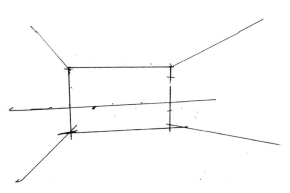

（3）在定好基准面的前提下，根据平面图的位置关系定好所有家具的地面投影。

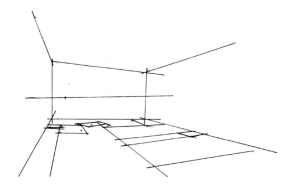

（4）根据室内家具的高度在家具平面的各端点上依次画出它们的垂直高度。

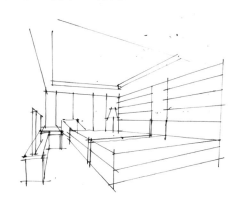

（5）深化家具结构，并利用一些明暗调子来增强画面效果。

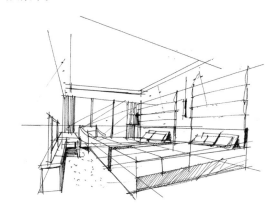

三 平面图转换两点透视空间效果图

1.两点透视卧室练习

根据卧室平面图，绘制两点透视室内表现图。将平面图放置在单元格为1m×1m的网格之中。

（1）在纸面下方的2/5处画视平线，在视平线的两端最靠近纸边的位置画两个灭点。

（2）把房高定为2.8m，以1m作为单位长度，视平面以下留1m的高度，以上留1.8m的高度，视平线距地面高度正好1m。

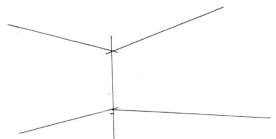

（3）根据平面图画出家具的投影。

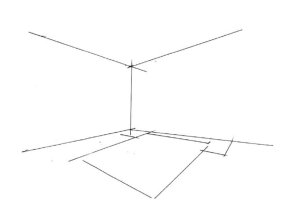

（4）根据室内家具的高度，在家具平面的各端点上依次画出它们的垂直高度。

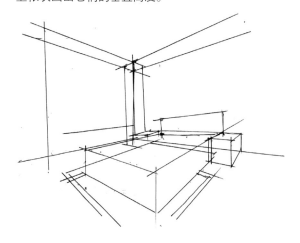

（5）用墨线画出各个家具的细节，注意透视关系。

（6）调整画面，通过调子增强画面效果。

2.两点透视客厅练习

根据客厅平面图,绘制两点透视室内表现图。将平面图放置在单元格为1m×1m的网格之中。

(1)在纸面下方的2/5处画视平线,在视平线的两端最靠近纸边的位置画两个灭点。

(2)把房高定为3m,以1m作为单位长度,视平面以下留1m的高度,以上留2m的高度。

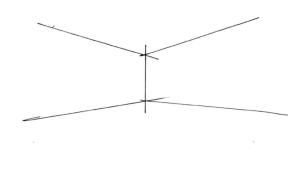

(3)在定好真高线的前提下,根据平面图的位置关系定好所有家具的地面投影。

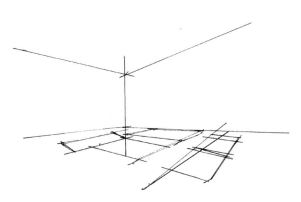

(4)定好投影之后,根据人机工程学的原理,把所有家具的高度画出来。

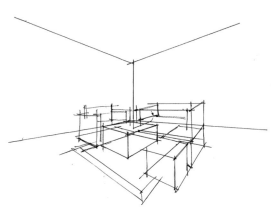

(5)深化家具结构,并利用一些调子增强画面效果。

09
设计思维与方案设计

SUN	MON	TUE	WED	THU	FRI	SAT
~~1~~	~~2~~	~~3~~	~~4~~	~~5~~	~~6~~	~~7~~
~~8~~	~~9~~	~~10~~	~~11~~	~~12~~	~~13~~	~~14~~
~~15~~	~~16~~	~~17~~	~~18~~	~~19~~	~~20~~	~~21~~
~~22~~	~~23~~	~~24~~	25	26	27	28

🕐 项目实践　　　　　　　　　　　　　　　　　　　　　　　　》

第25天 ▶ 室内装修设计前期

量房

　　首先要跟业主沟通，约定时间上门量房。量房要准备的工具有卷尺、电子尺、量房本、彩色笔、照相机或者手机等。

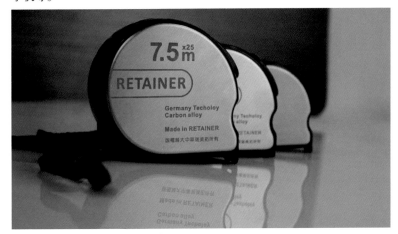

卷尺

电子尺

带12位计算器

量房本

彩色笔

　　当到达业主家门口时，要记录下业主房屋的小区楼号、单元号、门牌号等。进入房间第一步，首先要观察整个空间的格局，确定入户门在整个户型的方位，是偏左、偏右还是中间。画量房图时，要规划好整个户型图在量房本上的比例大小。留出空间，填写窗户等尺寸。量房从入户门开始测量，顺时针或者逆时针都可以，但要保持一个方向不变，这样才不会遗漏某些数据。量房图分为原始量房尺寸图和原始量房设备尺寸图。原始量房图包含每个空间墙体的尺寸，门窗的长宽高，梁的位置和长宽高，房屋每个空间的高度。原始量房设备尺寸图包含马桶坑距位置、上下水位置、地漏位置、强弱电箱位置、暖气或地暖分水器位置、主水水表位置、燃气位置、管道位置，还有一些特殊设备的位置，如新风、空调出风口、管道位置等。如果是二手房，还会涉及拆除的图纸，原始家具、地板、砖、原始石膏板或铝扣板吊顶等的位置。在标准量房数据时，每个不同的图纸，可换一种颜色进行标注。这样方便大家更好地识别。量房图不会显得特别乱。

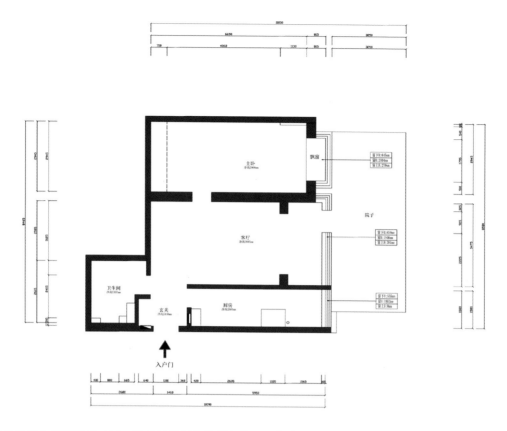

在量完每个空间的尺寸时，可用其他颜色的彩色笔记录每个空间的大尺寸，所谓的大尺寸，就是每个空间的长宽总长。这个非常重要，因为这样可检验之前的量房尺寸是否准确。

记录业主的需求。了解一些基本的信息。比如家里几口人居住，分别是哪几位，每个空间的用途，业主所干的职业，有无特殊爱好，个人喜欢的风格等。还有一些关于现场情况的记录，如承重墙问题。

拍摄现场照片和现场视频。可拍一些大空间和一些局部细节的现场照片。如果条件允许，还可以录制视频，视频可更全面地记录业主原始空间的每个细节。这对以后做设计方案来说非常重要。

另外，还需要向业主或者物业要原始结构图，看哪些墙可拆。结合现场情况判断，为后期的平面布局设计做好准备。

设计预案

新建一个文件夹并对其命名，例如，××小区××号楼×××室 ××先生/××女士，然后在该文件夹中再分类整理量房资料，如原始量房图（纸质量房图照片）、现场照片和视频、平面预案、客户意向图、效果图、施工图、主材清单、施工报价等。

XX小区XX号楼XXX室 X先生X女士

1原始量房图（纸质）　2现场照片和视频　3平面预案　4客户意向图　5效果图　6施工图　7施工报价　9主材清单　10源文件3d模型　软装方案及报价　12现场施工照片　13现场竣工照片

平面布局

在完成了前面的工作后，就可以开始平面布局设计。下面是根据业主需求开始设计的草图。房子是一室一厅一卫一厨，比较紧凑。房子的主人是一对夫妻，两个人居住，偶尔会有朋友过来。所以在布局上进行了深度的思考。

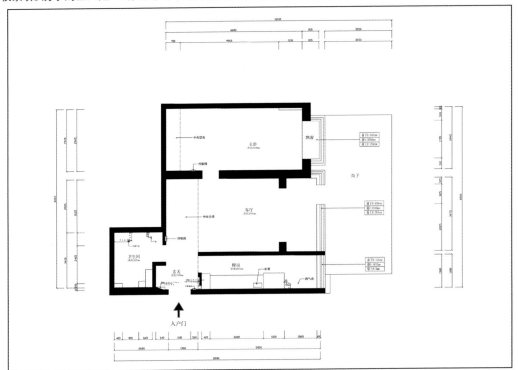

原始量房尺寸图

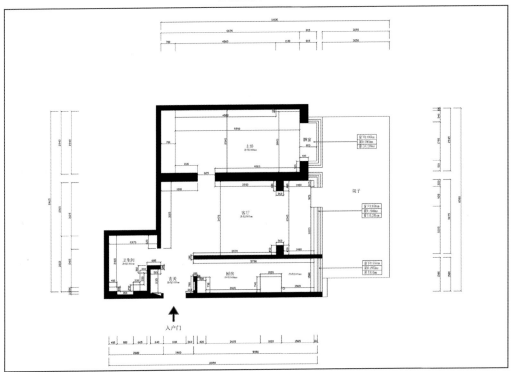

原始量房设备尺寸图

对原始户型图分析后得出以下结论。

第1点：整个户型建筑面积94m²，一室一厅一卫一厨。

第2点：分析风格。业主比较喜欢工业风，喜欢黑色元素多一些，但又要温馨一些。

第3点：分析平面布局。厨房空间比较狭长，整个空间比较拥挤；客厅整体不是很完整，无特定的餐厅区域，客厅业主需要一个可以学习休闲的区域，还要有一个可以放哈雷摩托车的区域；卫生间整体空间比较完整，但业主要比较宽敞的淋浴房，所以洗衣机是个问题；主卧空间整体比较狭长，有一个衣帽间，床的位置也是个问题。综合下业主需求和户型，进行前期分析。

方案一

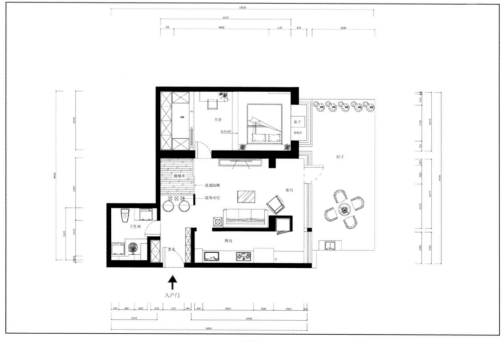

方案二

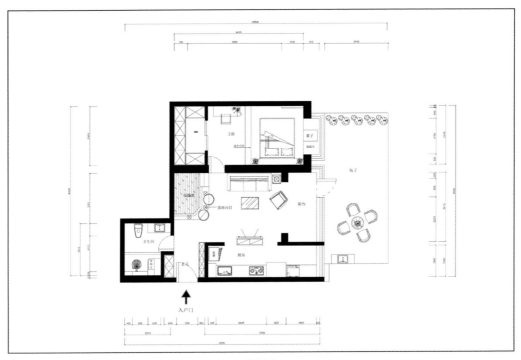

方案三

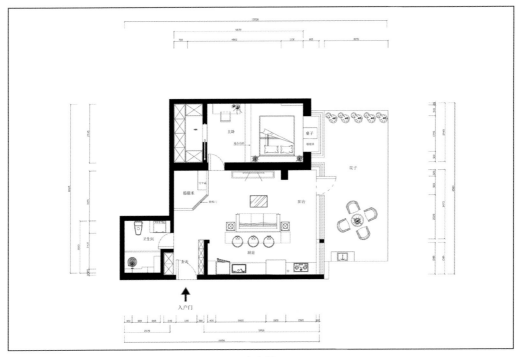

方案四

在完成对原始户型图的分析后，进行了新的规划。

因为整个房间缺少储物，而且业主平时在家喜欢席地而坐，所以榻榻米比较适合。主卧还兼顾了一个功能，就是可观看电影，实飘窗和储物飘窗的结合，让整体形成一个大飘窗的感觉。因为投影仪需要考虑距离和光线，所以在衣帽间外墙壁内嵌了一个投影幕布。衣帽间门则采用谷仓门，体现工业感。

在4个方案中主卧的设计比较一致，客厅、餐厅、厨房的布局不一样。在对该户型进行设计时，结合物业墙体原始结构图和现场墙体情况，判定厨房的墙是可拆的。

方案一：墙体基本没变，采用了封闭式厨房，客厅比较中规中矩，设计比较死板。

方案二：厨房格局不完整，入户门一进去比较堵。

方案三：厨房采用了半开放式，此方案中的客厅不够完整，电视背景墙后面是厨房，会影响人的视觉效果；榻榻米区域比较拥挤。

方案四：在跟业主表达时，可从功能性和完整性入手。入户门正对着的是一个休闲区，可在这边学习，此外采用榻榻米形式，偶尔来人可在此休息。客厅比较完整，同时增加了吧台区域，方便吃饭，厨房采用了开放式。洗衣机则放在了卫生间，客户喜欢淋浴，空间比较大些，而且要干湿分区。所以洗衣机放在洗手盆下面，做了一个内嵌的洗衣机。

当平面布局方案准备好以后，可整理一些意向风格的图片或形式，做个PPT预案，这样更方便跟客户沟通。

接下来就是约见客户，当面讲解方案。为什么要当面沟通讲解方案呢？因为见面沟通，能更便捷、更全面地讲解设计的思路，方便整理客户的想法，做出适合客户的平面设计布局。在沟通中，需要将设计的特色讲给客户。此外在讲解中，通常会主推一稿方案，如方案四，更加符合客户的要求。经过讨论，客户对开放式厨房提出会产生油烟的问题，所以最终调整了方案，将烟机放在厨房阳台，让厨房阳台采用封闭式，以此来有效地避免油烟。

在设计过程中，可将自己置身于所做的方案中，真实地感受空间的布局和一些细节的处理，包括一些尺寸的合适程度。厨房的设计要考虑人的动线，还有烟机、灶台、水盆，以及其他电器的位置。设计的中心是人，所以一切设计都要围绕人来进行，将自己设计的方案优缺点跟业主讲，处处替业主着想。

经过沟通，方案和设计风格基本确定。改完平面后，需发给客户确认。确认后即可开始下一步工作。

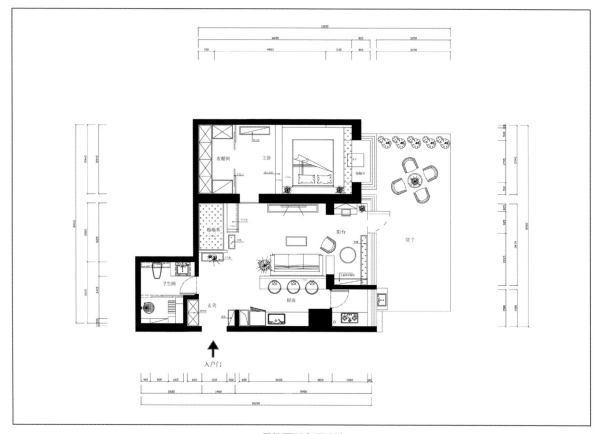

最终平面布局设计

第26天 完善与深化设计方案

在第二阶段与业主沟通并取得许可后，方案基本被确定，这时便需要进行深化设计。之前的设计图则需随着方案的深入进行相应修改，增加设计的细节和深度。

风格的分析：业主喜欢工业风酷炫的感觉。所以在此之前需要根据业主的喜好进行分析，找一些意向图来辅助设计风格，达到客户理想的效果。

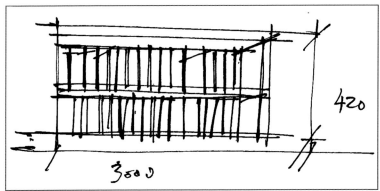

榻榻米休闲学习区

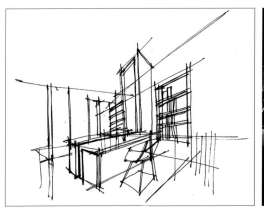

厨房区域

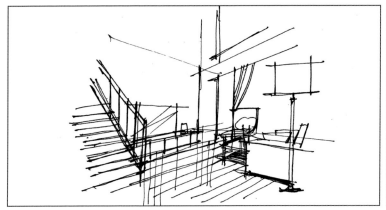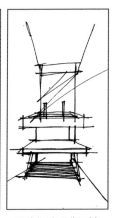

客厅区域　　　　　　　　　　　　　　　　卫生间洗手盆区域

意向图可能只有一些点是业主喜欢的，所以我们要进行深度分析，这样才能设计出业主喜欢的风格。设计的本质是业主喜欢，居住进去舒适，而不是一贯的由设计师做主导。

在这个阶段设计师要有把控能力，对客户所喜欢的风格要明确，不至于客户喜欢中式，做出来的是欧式。风格在设计阶段比较重要，一般业主会在这个阶段考虑很长的时间。在此阶段要多与业主沟通，发现问题及时修改，如墙面的造型、吊顶的形式、大致色调的感觉等。

在方案完善后，接下来要做的就是材料的前期选择，如橱柜、地板、瓷砖、衣柜、壁纸、家具、木门等。

第27天 绘制施工图

当设计风格和一些细节确认后，即可开始绘制施工图和效果图。施工图的绘制要求比较严格，工人是按照施工图进行施工的。所以在施工图绘制中，应该注意施工工艺和细节。施工图包括：封面、工程概况及设计说明、工程设计图纸目录、原始量房尺寸图、原始量房设备尺寸图、拆除墙体尺寸图、新建墙体尺寸图、平面家具布置图、平面家具尺寸图、地面装饰布置图、天花装饰布置图、天花布置尺寸图、灯位尺寸布置图、墙面装饰布置图、电源插座及弱点位置图、照明及开关位置示意图、冷热水示意图、立面索引图、立面图、大样图等。

封面主要是工程概况及设计说明，工程设计图纸目录每个公司都不一样，根据公司标准来做就可以。

具体的内容部分如下。

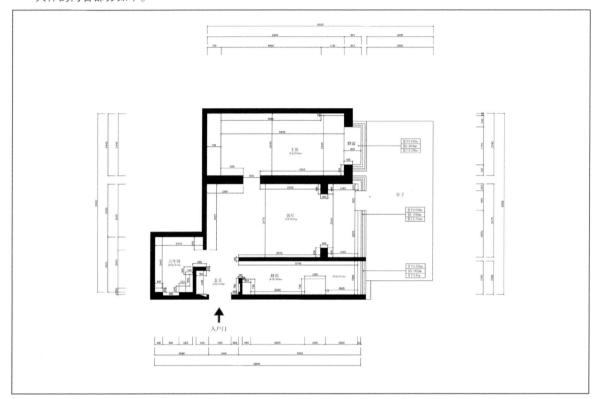

原始量房尺寸图（量房要细心）

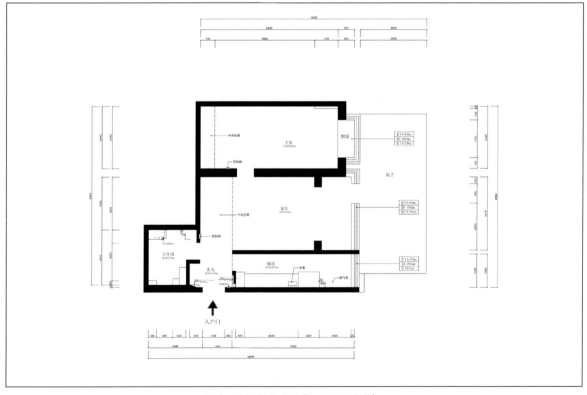

原始量房设备尺寸图（设备要量准确）

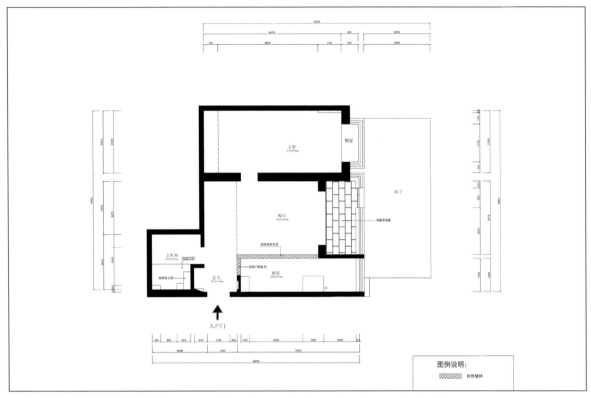

拆除墙体尺寸图（拆除墙体要标注清楚，要拆哪些，还要有参照物）

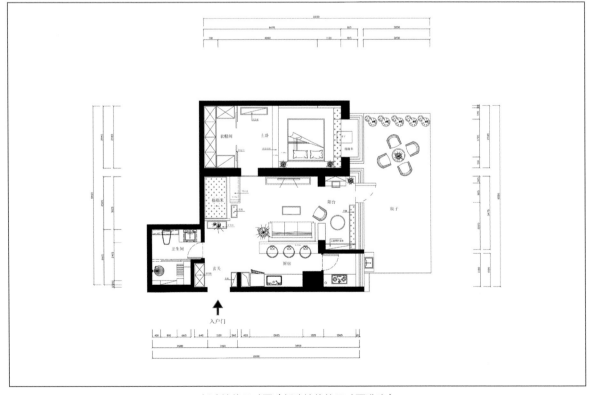

新建墙体尺寸图（新建墙体的尺寸要准确）

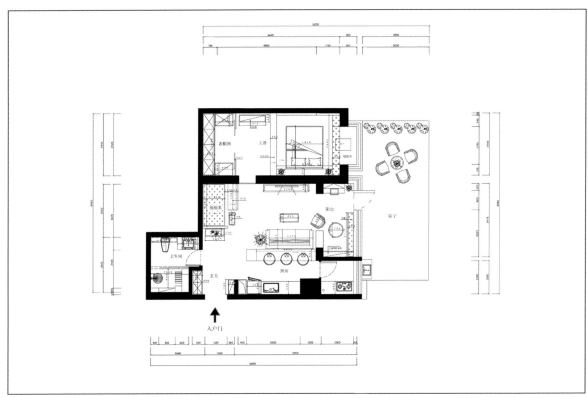

平面家具布置图

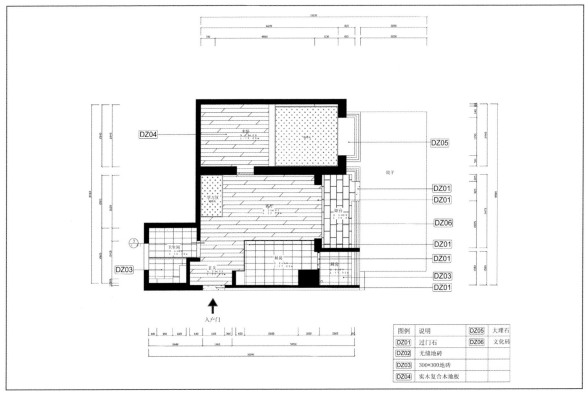

图例	说明	DZ05	大理石
DZ01	过门石	DZ06	文化砖
DZ02	无缝地砖		
DZ03	300*300地砖		
DZ04	实木复合木地板		

平面家具尺寸图

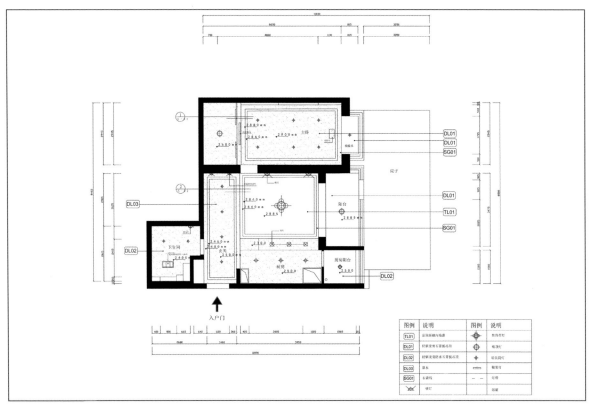

地面装饰布置图

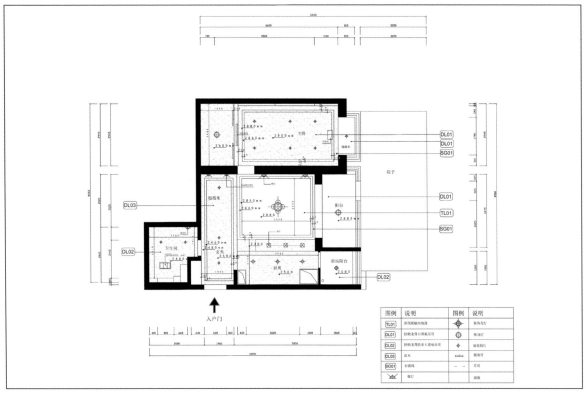

天花装饰布置图

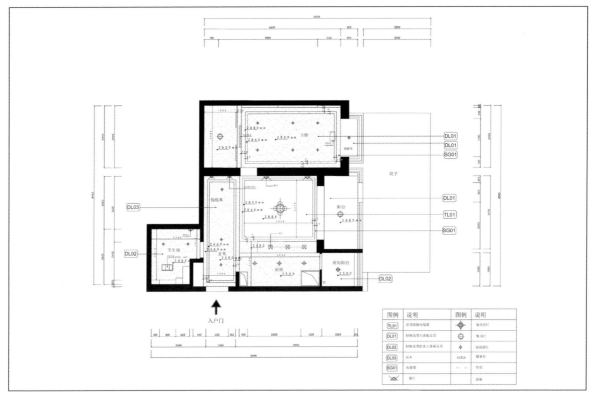

天花布置尺寸图

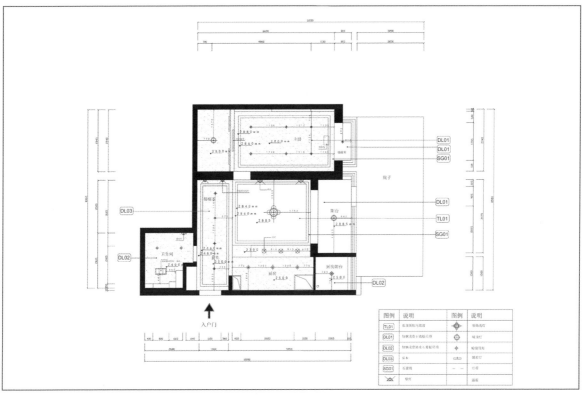

灯位尺寸布置图

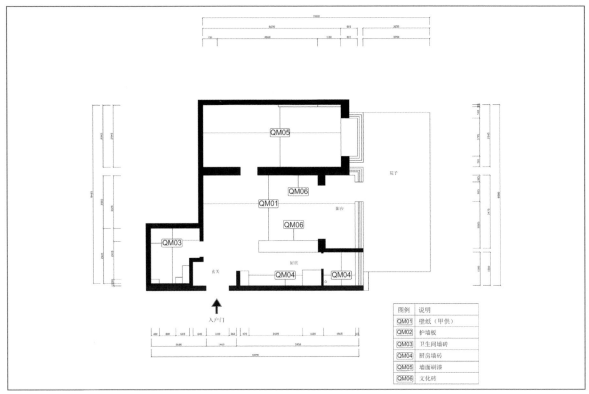

墙面装饰布置图

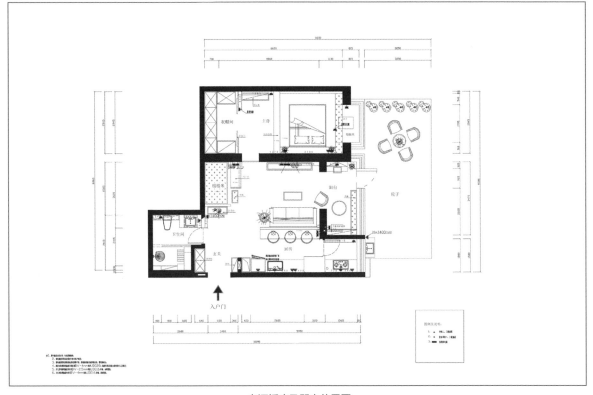

电源插座及弱电位置图

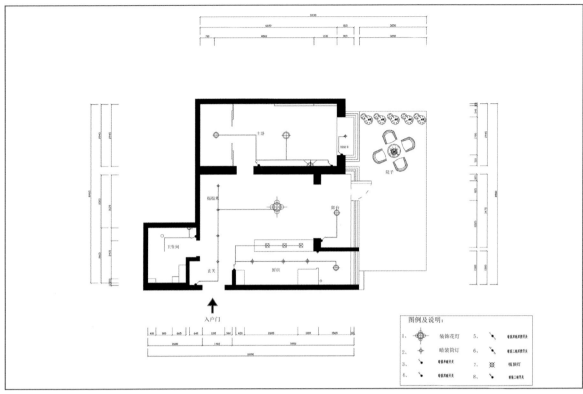

照明及开关位置示意图

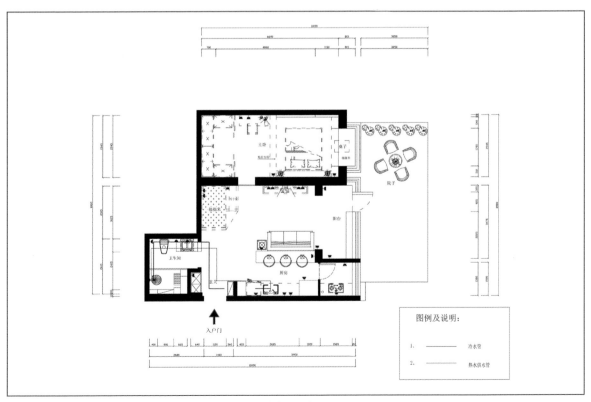

冷热水示意图

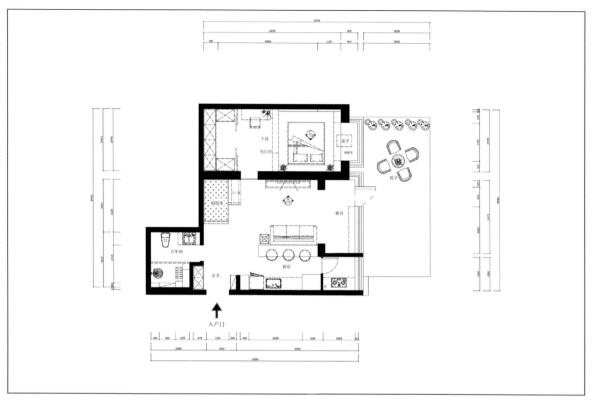

立面索引图

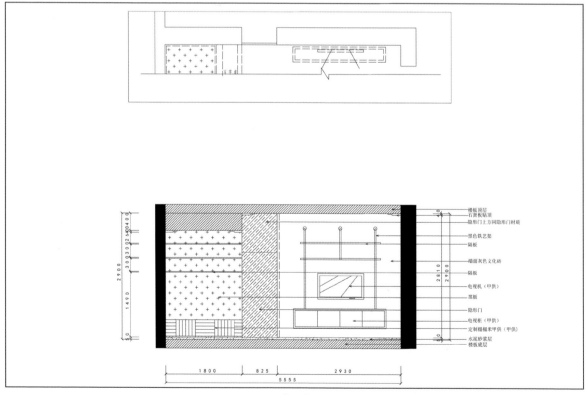

立面图

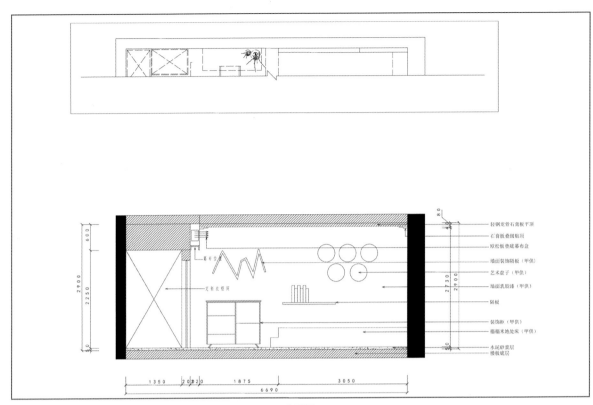

立面图

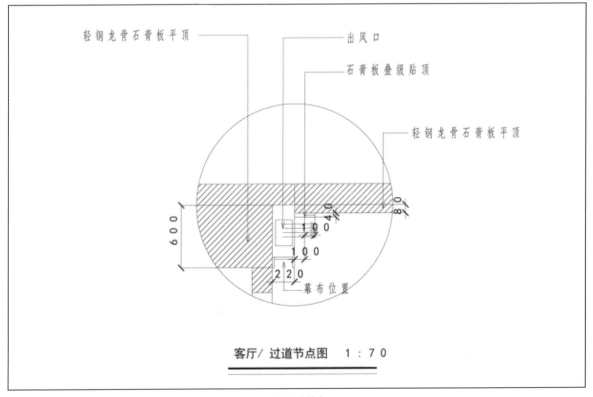

大样图或节点

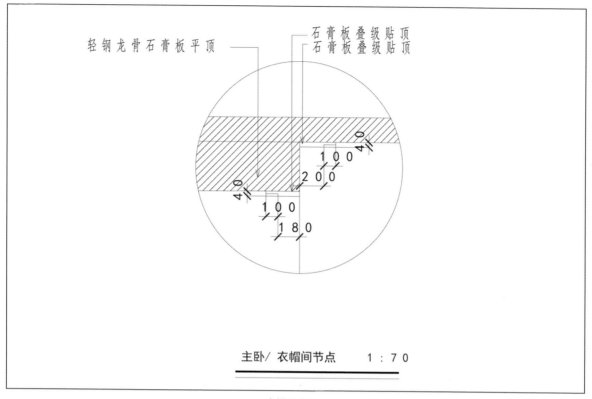

石膏板叠级贴顶
石膏板叠级贴顶
轻钢龙骨石膏板平顶

40
100
200
100
180
40

主卧/ 衣帽间节点　　1：70

大样图或节点

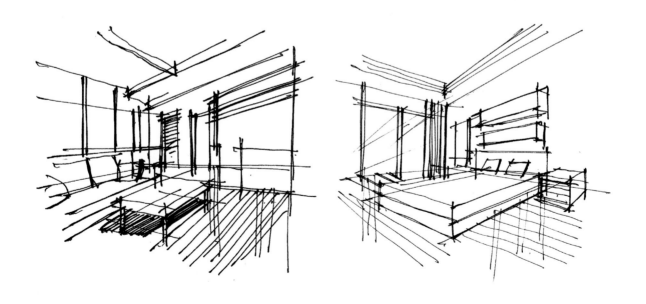

主要部分效果图

第28天 设计方案的实施流程

当整体施工图和效果图没有问题后，就可以制作施工报价、主材报价清单，然后跟业主选定日期，办理开工手续。在开工手续办理完成后，需进行现场交底，现场交底由业主、项目经理、主案设计师、水电工、木工、瓦工、油工到现场，进行施工交底。交底时应注意，拆除墙体、新建墙体、水电位位置、吊顶形式、砖的铺贴等都要与业主确认，并进行现场指导和交代。交代完毕，就可以开始动工拆除。

开工后，项目经理要制作施工进度表，保证工程顺利进行。施工与材料进场的时间和顺序有着密不可分的关系，所以在前期就要选好材料，如橱柜、瓷砖、地板等。新房可看一下墙上腻子是否是优质的防水腻子，如果不是，新房需铲除墙皮（腻子），旧房一律建议铲除腻子。室内设计施工流程主要从以下几方面进行。

第1步：制作工期预算表、设计方案及所有施工图纸与业主协商无误，签字确认。

第2步：办理开工手续和开工仪式。

第3步：现场设计交底。设计师与施工人员对施工图纸交流对接，帮助施工单位进一步了解设计细节、施工重点、业主需求等注意事项，确保工程质量。在实施过程中，遇到问题应及时追踪，及时反馈，从而更快地解决问题。

第4步：开工材料准备就绪，进场验收。

开工材料

第5步：拆除和铲除工程。铲除腻子，旧房改造需要拆除家具、地板、瓷砖、铝扣板等，根据现场实际情况进行拆除。

第6步：水电改造。电线、水管铺设，并安装开关插座底盒。这个过程中可能会涉及很多特殊电器或者设备问题，如中央空调、新风、地暖、燃气热水器、净水软水安装等，前期需要跟厂家充分沟通，对现场情况进行分析，进行现场改造水电位置指导，确保后期安装无误。

拆除和铲除工程　　　　　　　　　　　　　　水电工程

第7步：木工工程。处理吊顶以及窗帘盒等木工活。新建轻钢龙骨墙体，包括门洞加固等。

木工工程

第8步：瓦工进场。新建墙体处理，墙面防水处理，厨房卫生间墙面处理，进行拉毛处理，轻体墙和新建墙体需挂钢丝网，然后水泥砂浆找平，用户薄贴法进行贴砖。地面水泥砂浆找平，地面防水处理，进行24小时以上的闭水试验。做完闭水试验，需要到楼下看是否有漏水现象。如无漏水，则开始铺贴地砖。客厅等其他区域，如用地砖墙砖装饰需要进行铺贴；如果用木地板装饰，需用水泥砂浆找平，整体把握平整度，最后铺设地板。贴砖完成后，要进行美缝或勾缝。最后是铝扣板安装。

瓦工进场

第9步：油工工程。在油工进场之前，如果需要更换内外窗，需要在此之前更换，方便油工处理与窗户的接口处。油工基础处理完成后，进行壁纸、窗帘、软装测量、地板测量、衣帽间测量和石材安装。

第10步：后期安装。厨房与卫生间洁具、灯具、开关面板等的安装。

第11步：施工完毕，工程验收，软装家具、家电进场。装修完毕，交付业主。

油工工程

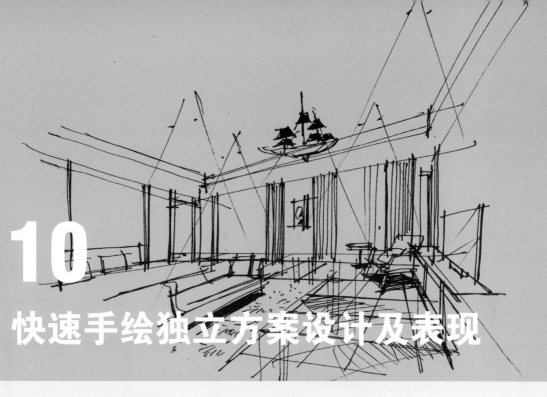

10
快速手绘独立方案设计及表现

SUN	MON	TUE	WED	THU	FRI	SAT
1	2	3	4	5	6	7
8	9	10	11	12	13	14
15	16	17	18	19	20	21
22	23	24	25	26	27	28

🕐 项目实践 ⌄

一 居住空间方案表现

居住空间与我们的生活息息相关，人生中的一半时间都是在居住空间中度过的。接下来就为大家讲解居住空间的方案设计及表达方法。

（1）当拿到一个户型图时，首先要做的就是对顾客的家庭进行分析，了解顾客的家庭组成、生活习惯、兴趣爱好等。然后对所得到的信息进行归纳总结。

（2）根据顾客需求对居住空间进行功能分析、流线分析，如不符合需求需予以修改。

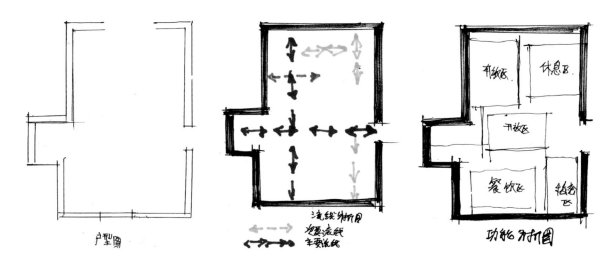

（3）绘制居住空间的整体平面图，注意每个功能分区的比例关系。

（4）在以上基础上，进行居住空间各个小空间的立面图和剖面图的绘制。

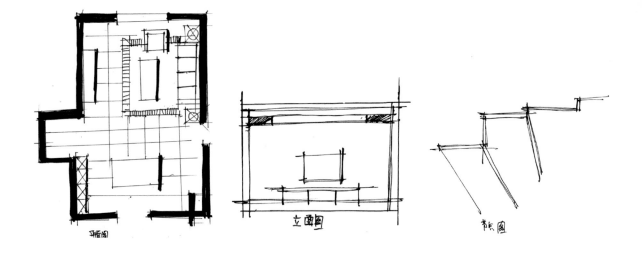

（5）根据绘制好的平面图、顶面图、立面图和剖面图进行效果图的绘制。

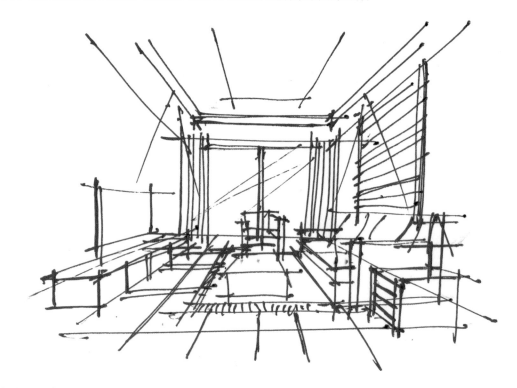

（6）对所有图进行细致刻画，并统一画到A1纸上，完成最终效果。

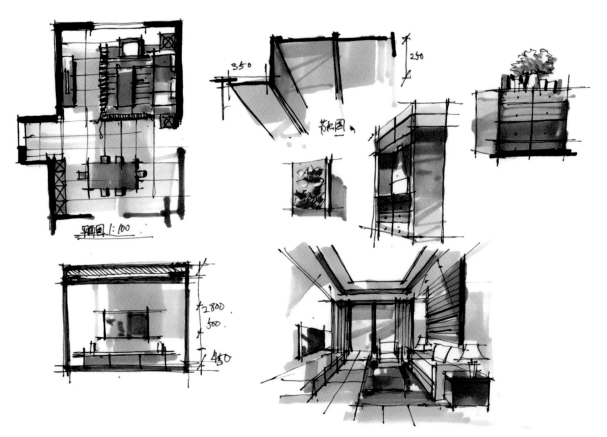

二 服装店空间方案表现

　　服装店空间是供人们购物休闲的场所，服装店空间设计的好坏会直接影响服装店的销售额，这是因为服装店的设计能很好地烘托其品位，且能起到修饰服装的作用。在服装店空间设计中，我们要突出服装的品牌文化及特色。接下来为大家展示服装店空间的参考设计。

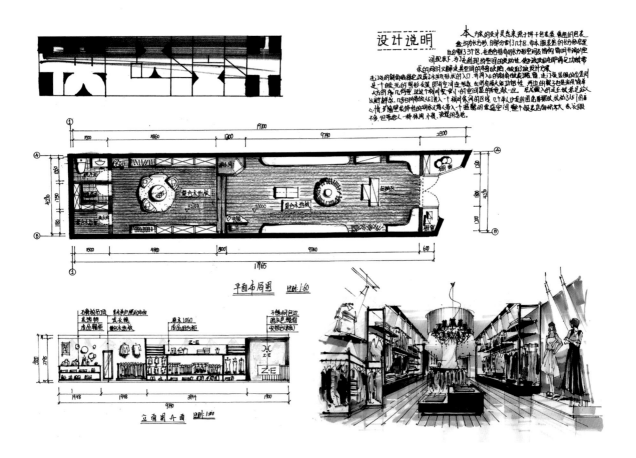

　　（1）当我们拿到一个平面图时，首先要对平面图的面积及形状进行详细了解，并对服装的品牌文化进行一定的了解。

　　（2）对服装店空间的展示区和试衣区进行功能分析及动态流线分析，以便满足服装店的正常使用需求。

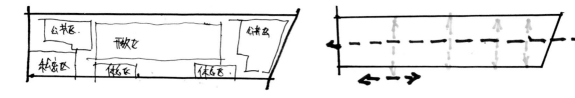

（3）确定了功能及流线后，再依据服装店的品牌文化及消费定位来确定其空间的风格特征，并绘制服装店空间的整体平面图。

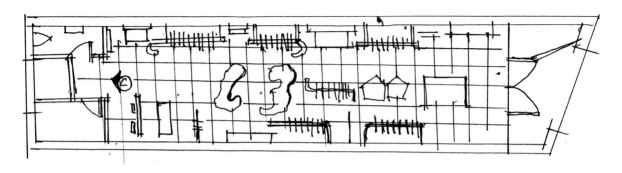

（4）在平面图的基础上，对服装店空间的主要部位立面进行绘制，对特殊部位进行节点的绘制。

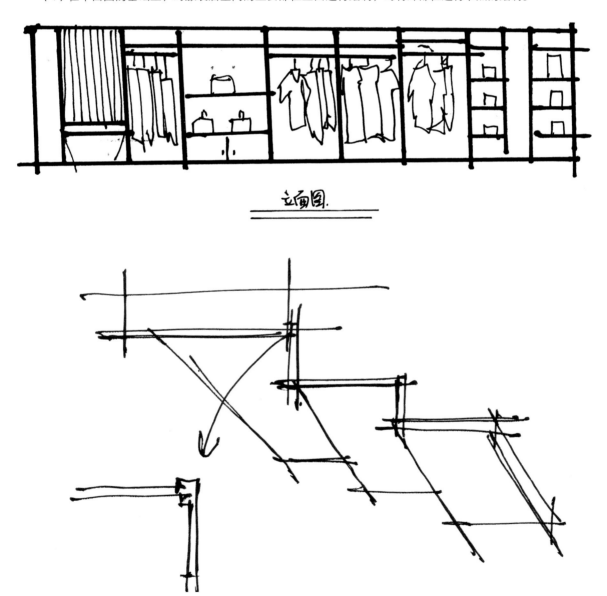

立面图.

（5）根据绘制好的平面图、顶面图、立面图和剖面图进行服装店空间效果图的绘制。

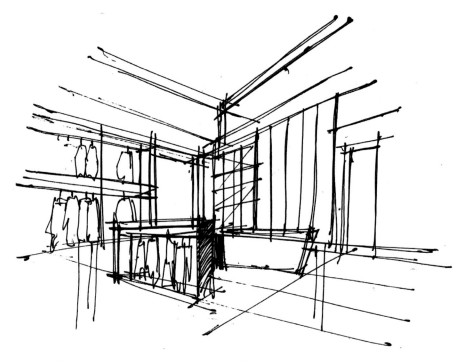

（6）把所有图细致刻画，并统一画到A1纸上完成最终效果。

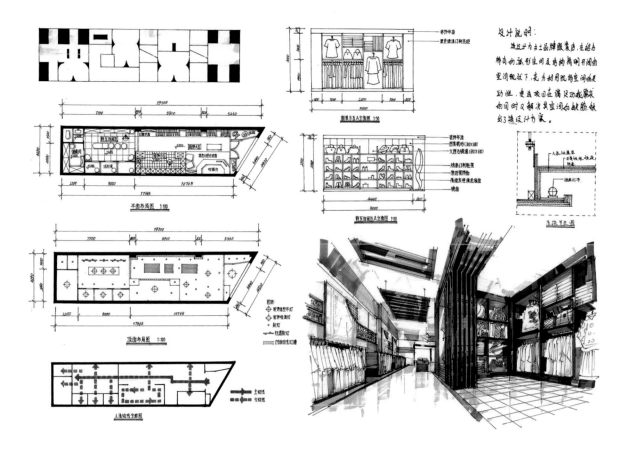

酒店大堂空间方案表现

　　酒店大堂空间是酒店综合性活动的空间，包括酒店接待区、休息区、商品区等。酒店大堂往往给人一种高大奢华的感觉。酒店大堂的设计能很好地烘托酒店的星级水平。酒店大堂空间的设计过程如下，供大家参考。

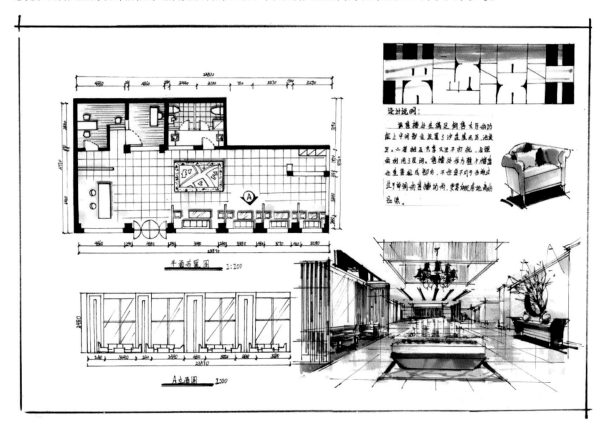

　　（1）当接触到平面图时，首先要对平面图的面积及形状进行详细了解，并对酒店的星级标准进行一定的了解。这对后期材料的使用有着至关重要的指导作用。

　　（2）进行功能分析及动态流线分析，以便满足酒店大堂的正常使用需求。

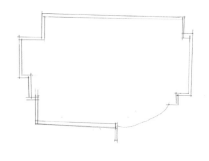

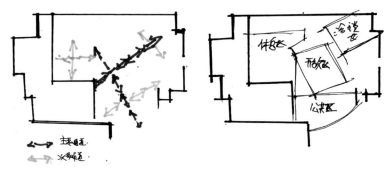

（3）确定了功能及流线以后，再依据酒店大堂的星级标准和所需的主题性特征确定其空间的风格特征，并绘制酒店大堂空间的整体平面图。

（4）在平面图的基础上，绘制酒店大堂空间各个主要部位的立面图。

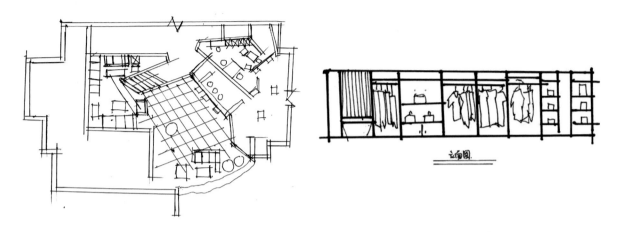

立面图

（5）根据绘制好的平面图、顶面图、立面图和剖面图进行酒店大堂空间效果图的绘制。

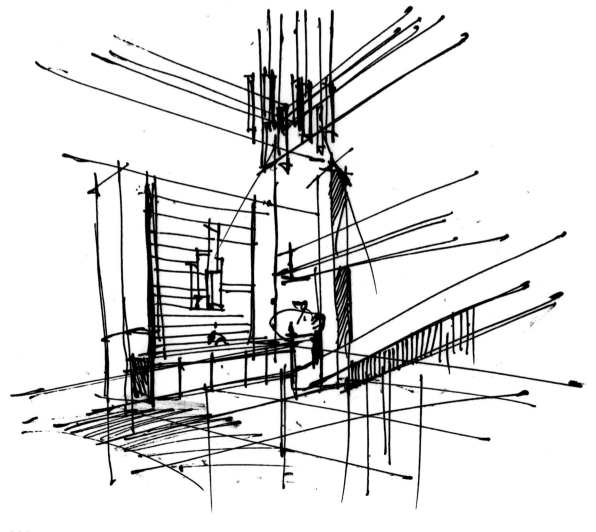

（6）把所有图细致刻画，并统一画到A1纸上完成最终效果。

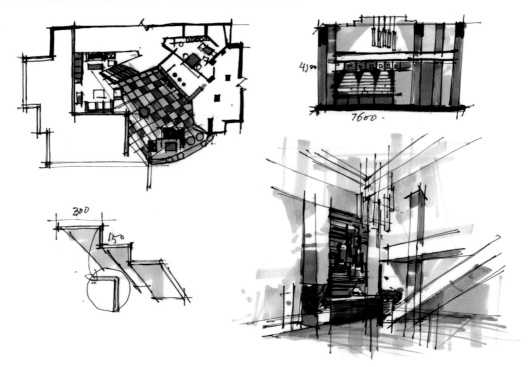

（四） 设计方案欣赏

《悦·公寓》

设计方：香港高迪憲设计事务所

地址：北京绿地中央广场

面积：31m²

高度：4100mm

设计核心：关注人文，提高品质，让空间更加舒

畅，7×24空间与时间完美融合。

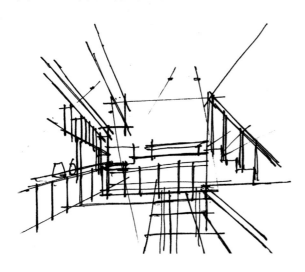

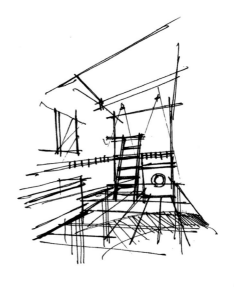

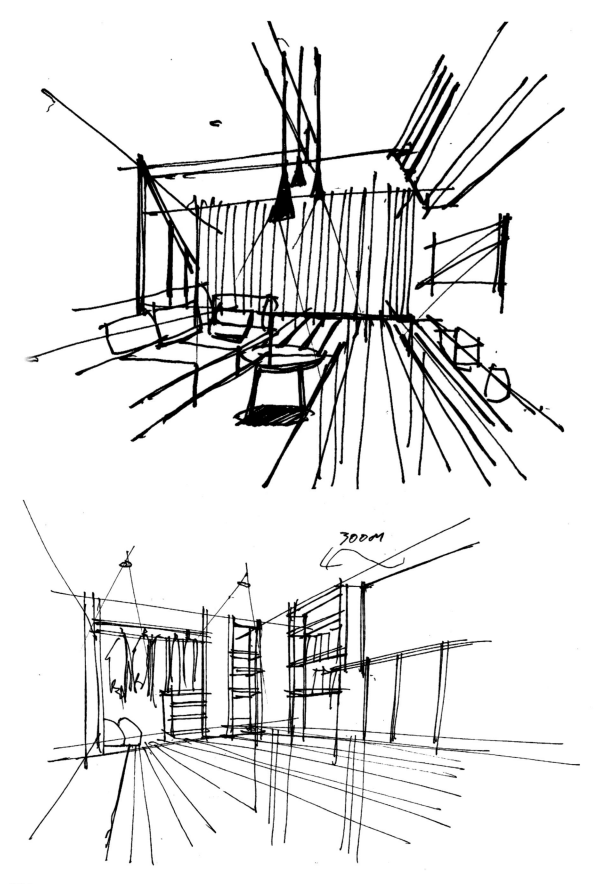

300M

《妙仪·峻茂》
设计方：香港高迪窻设计事务所

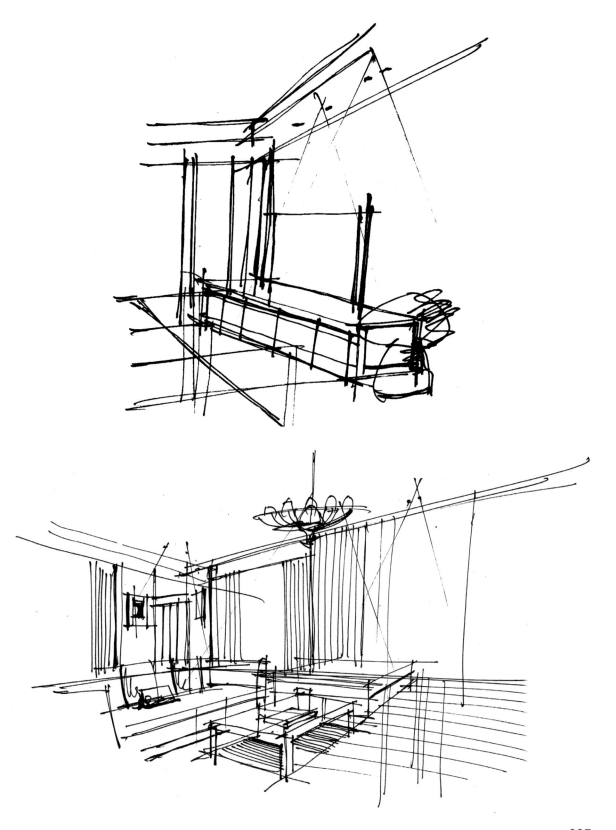

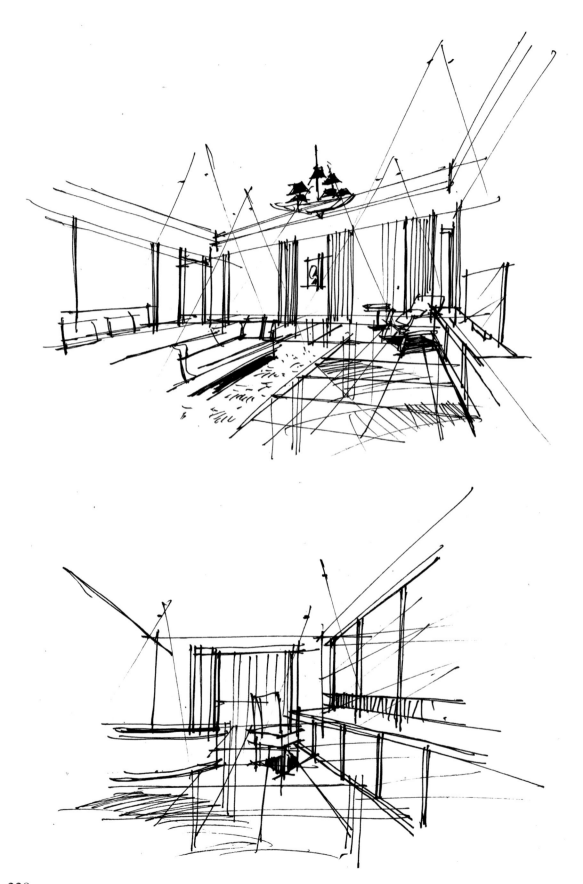